U0388607

learn to plant

在家学种蔬菜，摆脱农药烦恼
健康绿色好生活！

手把手
教你

快来
种菜呦！

在 家 种 出
健康绿色
好生活

种蔬菜

蔬菜种植宝典

小闲鱼 主编

黑龙江科学技术出版社
HEILONGJIANG SCIENCE AND TECHNOLOGY PRESS

图书在版编目（CIP）数据

手把手教你种蔬菜 / 小闲鱼主编 . -- 哈尔滨：黑
龙江科学技术出版社，2019.1
ISBN 978-7-5388-9869-9

Ⅰ . ①手… Ⅱ . ①小… Ⅲ . ①蔬菜园艺 Ⅳ . ① S63

中国版本图书馆 CIP 数据核字 (2018) 第 217489 号

手 把 手 教 你 种 蔬 菜

SHOU BA SHOU JIAO NI ZHONG SHUCAI

作　　者	小闲鱼	
项目总监	薛方闻	
责任编辑	马远洋	
策　　划	深圳市金版文化发展股份有限公司	
封面设计	深圳市金版文化发展股份有限公司	
出　　版	黑龙江科学技术出版社	
	地址：哈尔滨市南岗区公安街 70-2 号　邮编：150007	
	电话：（0451）53642106　传真：（0451）53642143	
	网址：www.lkcbs.cn	
发　　行	全国新华书店	
印　　刷	深圳市雅佳图印刷有限公司	
开　　本	723 mm×1020 mm　1/16	
印　　张	12	
字　　数	150 千字	
版　　次	2019 年 1 月第 1 版	
印　　次	2019 年 1 月第 1 次印刷	
书　　号	ISBN 978-7-5388-9869-9	
定　　价	39.80 元	

【版权所有，请勿翻印、转载】
本社常年法律顾问：黑龙江大地律师事务所 计军 张春雨

Contents
目录

Chapter 03　食叶·茎·花类

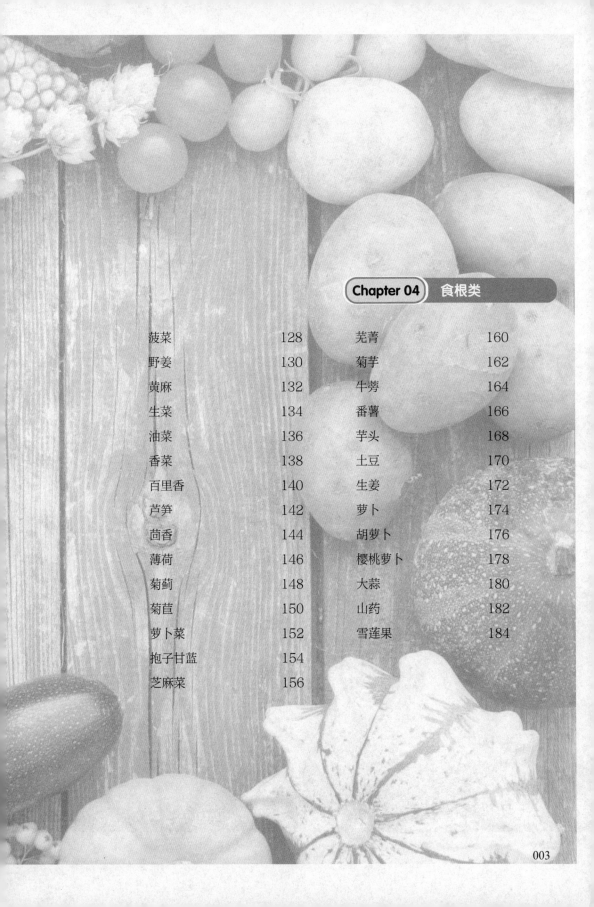

Chapter 01
蔬菜种植基本知识

是不是有那么一瞬间有一种冲动想自己亲手种几盆菜？是不是想种的时候却又不知道该如何下手？是不是担心自己种了却又看不到收获？别焦虑，你所遇到的所有问题都将不是问题。本章将细心告诉你，如何播种，如何栽培，如何培土，如何应对各种病虫害……

一、 选种

在种植业，可以说"蔬菜种植从选种之时就已经开始了"，种子的好坏直接影响收成。同一种蔬菜，往往会有多个品种，根据播种时间的不同而选择相应的品种是非常重要的一点。在选购蔬菜种子时，一定要仔细阅读包装上的说明。

1 看包装袋

① 正面

品种图片：包装袋的正面有非常显眼的成品图片。

品种名称和特征：在图片的上方写着品种的名称，名称上方或下方通常写着该品种的主要特征，以供购买者参考。

② 背面

包装袋的背面通常包括种子特性、栽培要点、栽培年历、种子质量和注意事项等信息。

2 何谓"种子质量保证期"？

《农作物种子标签和使用说明管理办法》已于2017年1月1日起施行。在此之前，国家只要求在包装袋上标注种子的生产日期。因而，我们无法确定在市面上买的种子是否还在保质期内，对购买者而言这无疑是不利的。而新规定要求标注种子包装前的检测日期。

关于种子质量保证期是这样规定的："第十四条 检测日期是指生产经营者检测质量特性值的年月，年月分别用四位、两位数字完整标示，采用下列示例：检测日期2016年05月。质量保证期是指在规定贮存条件下种子生产经营者对种子质量特性值予以保证的承诺时间，标注以月为单位，自检测日期起最长时间不得超过十二个月，采用下列示例：质量保证期6个月。"

二、 播种

蔬菜的播种方法可分为条播、点播和撒播三种。

根据蔬菜种类的不同，播种的数量、行距，以及覆土的深度都有所不同。播种方式与发芽率、间苗作业以及收成密切相关，选择合适的播种方式很重要。

1 条播

条播是指用支柱或竹竿在地里压出平行的浅沟，保持一致的间距，将种子均匀撒在沟中的播种方法。沟与沟之间的距离，以及沟的深度，均根据蔬菜的种类决定。条播一般用于生长期较长和营养面积较大的蔬菜，以及需要深耕培土的蔬菜。速生菜通过缩小株距和宽幅多行，也进行条播。这种方式便于机械化的耕作管理，灌溉用水少，比较经济。

● **步骤**

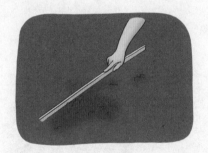 

1 用支柱或竹竿在地里压出平行的浅沟。

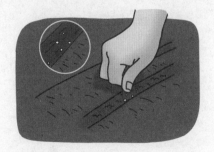 

2 将种子均匀撒在沟中并保持间距一致。

3 播种后覆土，轻轻压实后浇足量的水。

② 点播

点播也叫穴播，是指每穴数颗种子，等间距播种的方法。每穴播种的数量及间距均根据蔬菜的种类决定。点播一般用于生长期长的大型蔬菜以及需要丛植的蔬菜。点播的优点在于能够营造局部的发芽所需的水、温度、气等条件，有利于在不良条件下播种而保证苗全苗旺。

● **步骤**

1 利用易拉罐或者其他工具，或者直接用手挖穴，并保持穴与穴之间的间距一致。

2 将定量的种子撒在穴中。

3 播种后覆土，轻轻压实。

3 撒播

撒播是指整地作畦之后直接将种子均匀撒在土上，再撒上一层薄土的播种方式，是最简单快速的播种方式。撒播一般用于生长期短、占地面积小的速生菜类。这种方式可经济利用土地面积，但不利于机械化的操作管理。

●步骤

1 用锄头背面压出一条浅沟。

2 将种子尽可能均匀地撒在沟中。

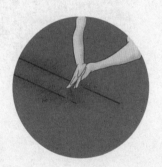

3 双手将土揉碎后撒在种子上。

三、 育苗

育苗可以节省种子和用地，有利于培育壮苗，增加发芽率和复种指数；同时也有利于防治病虫害，便于精细管理。大部分瓜类和叶菜类都适用于育苗，食根类蔬菜、多年宿根类蔬菜和不用种子繁殖的蔬菜则不适合育苗。

1 容器

食果类蔬菜育苗时一般先播种在育苗盘中，出苗后移到育苗盆中，直到定植。为了避免移栽的麻烦，瓜菜类可以直接在育苗盆中进行育苗。育苗盘间隔均等，便于批量播种和移栽，适用于机械化操作。

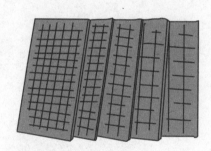

2 用土

可选用市面上售卖的育苗专用培养土，肥沃且排水性能好，方便快捷。

3 播种育苗的时间

茄科蔬菜要求的发芽温度较高，苗的生长期较长，适合在2月下旬~3月上旬播种育苗。葫芦科蔬菜育苗的时间相比茄科的要短，适合在3月下旬~4月中旬播种育苗。

4 播种方法

一般育苗以点播或者撒播为主，保持土壤湿润并放置于阴凉的位置是植物发芽的关键所在。

● **步骤**

1 用育苗盘播种的情况下，每穴播一颗种子，以便于之后移栽到育苗盆中。

2 直接用育苗盆播种的话则可以每盆播2~3颗种子。

3 播种之后要盖一层土，覆土不宜太厚，之后用手轻轻压紧。

5 水分管理

　　播种之后应马上浇足量的水，之后每天早上浇水一次。注意浇水次数不宜过多，以免浇水过量，同时也不能浇水太少。为了防止太干燥，可以在育苗盘上盖一张报纸，在报纸上浇水。但是要注意，发芽之后应该立即取下报纸，以免妨碍幼苗生长。发芽之后要注意勤浇水。

6 温度管理

　　家中有专业育苗温床设备的话可以利用温床设备进行温度管理，若没有温床设备可用塑料收纳盒代替。将育苗盘放在收纳盒中，盖上盖子，白天放在向阳处让其升温，若温度过高则打开盖子透气，晚上移到室内，阴雨天将收纳盒放在明亮的地方。

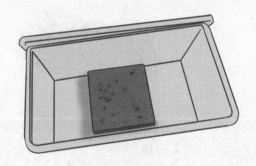

7 换盆育苗

当育苗盘中的幼苗长出2~3片真叶时需要移栽到育苗盆中。

● **步骤**

1 在育苗盆中倒入2/3盆的培养土或者腐叶土。

2 手持幼苗茎干下部缓缓将其连土拔出，注意不要拔断。

3 连土带苗放到育苗盆中后再加培养土，加满为止，用手将土轻轻压紧。

4 浇足量的水。

四、 搭架

对于高秧蔬菜，例如番茄，或者茎干易折的蔬菜，如辣椒、茄子，在栽培过程中需要搭架。而蔓性蔬菜，如黄瓜、菜豆等，在栽培中除插架之外，最好还要进行吊蔓。搭架材料可以选择竹竿或者树枝条，可以就地取材，很方便。若种植面积大，可以选购市面上售卖的专用搭架。常用的架形有单杆架、篱架、"人"字架、三角架、四角架、牵引架等。

1 单杆架

在每株植株旁用一根支柱固定，支柱独立、互不相连，适用于矮性、早熟品种和密植栽培类蔬菜。这是最简单的一种搭架方式，但是要注意尽量插深一些，以免倒伏。

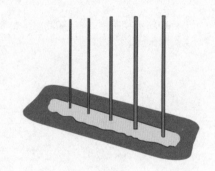

2 篱架

在单杆架基础上，用横杆把每一行的各个单杆架连接在一块，每栽培畦的两头和中间再用若干小横杆把相邻两行相连接，适用于生长期长、枝叶繁茂、瓜体较长的蔬菜，如丝瓜、苦瓜、晚黄瓜。若是单排成行的话，可以再斜插一根搭架，以防止倒伏。

3 "人"字架

在每株植株旁插一根支柱，而后每相邻两行支柱上部交叉成"人"字形，并用一横杆相连接，适用于菜豆、豇豆、黄瓜、番茄等蔬菜。"人"字架的稳固性非常好，即使遇到强风也不容易倒伏。

4 三角架

以植株主茎为中心斜插3根支柱，支柱下部交叉处用草绳扎紧，适用于辣椒、茄子等植株较矮、分支较多、易折断的蔬菜。

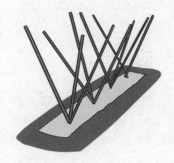

5 四角架

每株蔬菜旁立一根支柱，每相邻两行各相对的4根支柱连接在一起，连接处用草绳捆绑，成塔形或伞形。这种搭架立柱简易、坚固，不易倒架，常用于早熟番茄、菜豆、豇豆、黄瓜等。

整地作畦在土壤翻耕之后进行。作畦的目的在于改善排灌条件、控制土壤含水量，同时也可以在一定程度上调节土壤温度、改善空气条件。畦的方向和形式由蔬菜的种类决定。

1 畦的方向

畦的方向对蔬菜接受的光照强度、热量、水分等都有影响。对于植株较矮的蔬菜而言，畦的方向对其生长进程的影响较小；但是对于高秆蔬菜和需要搭架的蔓性蔬菜来说，生长是否顺利与畦的方向密切相关。玉米、黄瓜等高秆或蔓性蔬菜适合以南北纵向作畦，这样植株两侧接受的光照比较均匀，有利于蔬菜的健康生长。

此外，畦的方向应与风向平行，这样有利于行间通风，并可以减小强风的吹袭力度。在倾斜地，选择作畦的方向时应该考虑到如何控制土壤的冲刷、保持水分。通常情况下，冬季宜以东西横向作畦，夏季宜南北纵向作畦，以使植株能够受到更多的光照，改善通风。

2 畦的形式

栽培畦的形式根据气候条件、土壤条件、作物种类的不同而有所差异。常见的畦有平畦、低畦、高畦和垄。

① 平畦

畦面与道路平齐，没有明显的畦沟和畦面之分。排水良好、雨量均匀的地区适合采用平畦。平畦可以节约用地面积，提高土地利用率，提高单位面积产量。地下水位高、排水不良的地方不适合采用平畦。

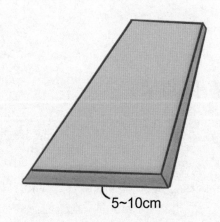

5~10cm

② 低畦

畦面低于地面，走道比畦面高，以便蓄水和灌溉。在降雨较少、需要经常灌溉的地区，大多采用这种方式作畦。

③ 高畦

畦面稍高于地面，畦间形成畦沟。这种畦的优点是：方便排水，增加水分蒸发、减少积水，降低表土温度，有利于提高地温。地下水位高、降雨量大的地区适合作高畦。高畦适宜种植瓜类、结球叶菜类和荚果类蔬菜。此外，在耕土浅的地区作高畦能有效增厚耕土层。

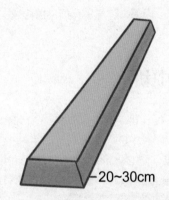
—20~30cm

④ 垄

一种较窄的高畦，其形式为底宽上窄，优点与高畦相同。种植瓜类和豆类时通常采用垄作，冬季栽培瓜果类蔬菜也多实行垄作。

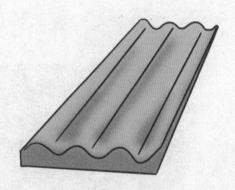

六、 中耕、除草

　　杂草是种植活动中的一大麻烦，地里的杂草若不及时处理便容易成为害虫的温床，并且妨碍作物生长。因而，除草是蔬菜种植管理作业中必不可少的一项。在此介绍几种实用的除草方法。

1 中耕

　　中耕是指对土壤进行浅层翻倒、疏松表层土壤。中耕是一种传统的除草方法，有人工中耕和机械中耕两种形式。人工中耕除草针对性很强，操作灵活，除草效果彻底，不仅能除掉行间杂草，还能除掉株间的杂草，但方法比较原始、落后，工作效率低。机械中耕除草利用机械进行大批量除草，是一种先进的除草方法，工作效率高，非常适合于机械化程度高的农场采用，缺点是灵活性不高，效果不如人工中耕彻底。中耕除草技术简单、目标明确、除草效果好，给作物创造了良好的生长条件。杂草的生命力非常顽强，重生速度和生长速度很快。因此，在作物生长的整个过程中，可根据需要进行多次中耕除草。中耕除草的关键在于"宁除草芽，勿除草爷"，意思是说除草要除早、除小，在萌芽时期及时清理杂草。

2 黑色PE薄膜+稻草

在播种或定植时在畦上盖上一层黑色PE薄膜，可以大幅减轻除草工作。黑色PE薄膜不透光，薄膜下面的杂草无法生长，因而能有效防治杂草。覆上地膜之后在畦间通道上铺一层稻草，可以防止土壤干燥，下雨天还可以防止泥泞，对蔬菜和农户而言都是一件好事。

3 在闲置的土地里种上绿肥作物

采收后的土地若长期闲置很快便会长满杂草，为了防止出现杂草丛生的情况，可以在采收之后再种上其他的作物。例如，在采收完土豆之后可以种上大豆。

在闲置的土地里种上稻科或者豆科的绿肥植物，是防止杂草生长的一个不错的选择。但是，要在植株枯萎时及时将其粉碎并用锄头翻入土中。

4 秋播时提前两周除草

进入9月之后，杂草的生长速度减慢，可以适当减少除草的次数。但是若杂草果实成熟之后种子掉落到土中的话，之后的除草工作将变得非常麻烦。为了防止这种问题出现，秋播时提前2~3周进行彻底除草。

七、 肥水管理、培土

在蔬菜生长过程中，高温干燥天气连续的情况下需要浇水，尤其是不耐旱的作物需要及时浇水，以避免植株干枯。而追肥和培土是促进蔬菜生长，提高产量的重要措施。

1 浇水

一般而言，蔬菜在定植之后基本上没有浇水的必要。但在气温较高的环境下进行播种或定植时需要浇足量的水。此外，在蔬菜生长期间若遇上连续的高温干燥天气，也需要及时浇水。不同种类的蔬菜对水分的需求量不一样，浇水的原则是要适量，浇水过量容易导致烂根。

2 追肥·培土

在蔬菜尤其是生长期长的蔬菜生长过程中，由于自身吸收、雨水冲刷等原因，土壤的肥力会逐渐减少。为了补足蔬菜生长必需的养分，及时追肥很重要。培土是指在作物之间翻土，并将所翻上来的土覆在作物的根部。培土兼具除草和改善排水的功能，通常配合追肥一同进行。

追肥的时间很有讲究，具体应该根据蔬菜的种类来确定。一般而言，定植两周之后进行第一次追肥，喜肥的蔬菜需要定期追肥；大部分的蔬菜是在开始开花或结果，或者每次采收之后进行追肥。氮肥和鸡粪吸收较慢，可以每隔两周追肥一次。液体肥料吸收快，可以隔2~3天追肥一次，在干燥天气可以追施液体肥料代替浇水。肥料富余容易产生蚜虫等害虫，注意不要施肥过度。

八、 整枝、摘心

蔬菜，尤其是蔓性蔬菜的枝叶茂盛，若任其生长的话，虽然看上去枝繁叶茂、长势喜人，但实际上多余的枝叶会严重影响结果数量和果实质量；此外，也不利于通风，且容易发生病虫害。

1 整枝

整枝是指摘除植株部分枝叶、侧芽、顶芽、花、果等，以保证植株健壮生长发育的措施，有时也用压蔓来代替。瓜类蔬菜往往生长量很大，蔓性蔬菜分枝性较强，如何处理好蔓叶生长和开花结果的关系是保证丰产优质的关键。

叶子和茎秆之间长出的芽叫侧芽，多余的侧芽应该尽早摘除。土豆之类的用块茎繁殖的蔬菜往往会发出不止一根的苗，这种情况下应该选留2~3根健壮的苗，其他多余的苗须及时拔掉。

2 摘心

摘心也叫"打顶"，是对预留的干枝、基本枝或侧枝进行处理的工作。如何摘心要根据蔬菜的种类和栽培方法来决定。当蔬菜的主茎、侧蔓、侧枝长到一定果穗数或叶片数时，需及时摘除其顶端的生长点。摘心能有效控制植株加高和抽长，加快果实发育，提高果实质量。

黄瓜之类的蔓性蔬菜和番茄之类的高秆蔬菜高度过高时，应该将手够得到的范围之外的茎或蔓摘除，以阻止其抽长。

九、 采收

　　不同种类和品种的蔬菜，其采收时期和方法也不同。长到何种程度适合采收呢？通常种子的包装袋会有说明。按照包装袋上的说明进行采收自然是合适的，如果是家庭菜园，农户可以根据食用需要随时采收。不同的蔬菜应该采用与其相对应的采收方法，采收方法不当可能会损伤蔬菜或加快蔬菜腐烂的速度，对于多次采收的蔬菜，若采收不当，则会导致采收伤口感染病菌，导致发病，严重影响植株的生长。

　　此外，季节不同采收的时间也有所区别。夏季最好在相对比较清凉的早上采收，冬季适合在露水蒸发之后的下午采收。无论何种蔬菜，采收迟了的话都会因为老化而口感变差，因而一定要注意及时采收。

1　食叶、芽、花类

　　食叶类蔬菜中绝大多数需要多次采收，圆白菜和甘蓝等结球蔬菜一般用刀将叶球整个切下，并要注意留叶球外面的2~3片叶子保护叶球。芹菜等蔬菜在采收时应该注意不要切断叶柄的基部，以避免叶片四散。采收西兰花时花球的茎应该留长一些，并保留2~3片小叶。多年生叶菜收割时不宜割得太低，以免伤及基部。菠菜等采收时可连根拔起。

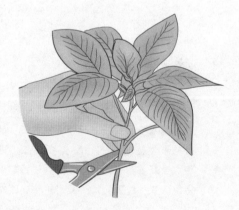

② 食果类

　　食果类蔬菜一般用剪刀采收，需要注意的是应该在果实完全成熟之前采收。南瓜在果柄开始枯萎时采收。番茄在果蒂处还未完全变红时采收。苦瓜在长到合适的大小或长度后即可采收，尤其要注意的是，苦瓜完全成熟之后果实会变色变软、自然开裂，无法食用，因此苦瓜一定要在果实变黄之前采收。

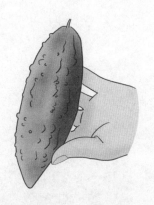 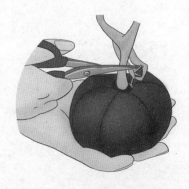

③ 食根类

　　食根类蔬菜一般采用锄头或铁锹采收。刨挖时要注意在离植株一定距离的地方下手，避免损伤地下块茎。土豆等采收之后应摊晾数小时以晾干表面水分。大蒜等采收之后应该晾晒2~3天，使外皮干燥。

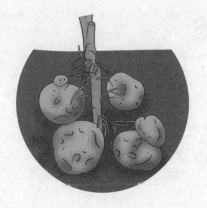 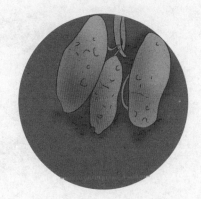

十、 贮存

　　食叶类蔬菜不适合久放，即使是冷藏，其保质时间也非常有限，最好趁新鲜时尽快食用。若想要长期保存，则可以加工成干菜或腌菜。南瓜、冬瓜等只要不切开、没有伤口，可以在常温下保存很长时间，但是冬季要注意防寒防冻。土豆和番薯等块茎蔬菜可以埋在土里保存。洋葱和辣椒通常挂在阴凉通风处保存。萝卜等则可切丝后晒干保存。

1　埋在土中贮存

　　在地里挖深穴，放入要保存的蔬菜后再铺一层土或者稻壳。这种方法最适合保存番薯和土豆等块茎蔬菜。而生姜最适合埋在疏松透气的沙土中保存。

2　挂贮法

　　挂贮法是指将晾晒后的蔬菜的茎叶编成长辫子，将辫子扎成束，晾晒数天至充分干燥后，再悬挂在屋檐下或室内阴凉通风处保存的方法。这种方法最适合保存洋葱、大蒜、辣椒等香辛料蔬菜。

3 晒干保存

　　顾名思义，晒干保存是指将蔬菜晾晒至完全脱水，是一种简单常见的保存方法。萝卜切成丝晒干后可以保存相当长的时间。除了萝卜等蔬菜外，这种方法同样适用于部分食叶类蔬菜。

4 束叶越冬

　　白菜等晚熟蔬菜如遇严寒，可以把外叶围拢起来，用稻草绑好。有条件的可以在上面盖上一层稻草式农用薄膜，以保护心叶免受冻害。这样即使遭遇霜雪，蔬菜也不会枯萎，可以安全越冬。

十一、取种

　　固定种和原种蔬菜可以尝试取种。自家地里取的种子更适应本地的气候和土质，栽培起来更加方便。食果类蔬菜取种用的果实完全成熟后要留在植株上，种子取出后洗净风干，再用塑料瓶等密封保存。豆类及秋葵等枯萎之后采下，摊在太阳下晾晒几天，果实会自然开裂，选取其中结实饱满的留种即可。十字花科蔬菜以及油菜、紫苏、黄麻等开花结果之后可取种。

　　需要注意的是，杂交蔬菜不宜取种。

1　食叶类（以油菜为例）

　　油菜结出果实之后选取果荚饱满的剪下。

　　摊在太阳下晒至果荚变黄、微微开裂。

　　用木棒或空酒瓶敲打果荚脱粒，选出饱满成熟的种子装瓶保存。

2　豆类

　　植株枯萎之后从地里拔起，均匀摊在地上晾晒约一周，注意不要淋雨。

　　果荚变黄变干之后用木棒或空酒瓶敲打果荚脱粒。

　　去除碎叶，选出饱满成熟的豆子装瓶保存。

③ 食果类（以茄子为例）

等茄子自然成熟变成黄色后摘下。

对半切开，取出种子。

洗净多余的果肉，将种子摊开在报纸上晾干后装瓶保存。

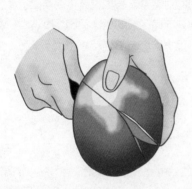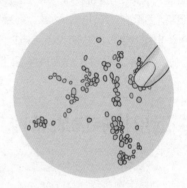

④ 食根类

萝卜和胡萝卜等抽薹开花后会结出果荚，其取种方法与上述的食叶类蔬菜相同。

番薯、土豆等蔬菜一般采用块茎繁殖，因而可选取果形规整饱满、无伤痕的留种。

萝卜的花　　　　　　　　　　　　　胡萝卜的花

十二、 生态防治病虫害

　　病虫害的防治与蔬菜的收成息息相关，做好病虫害的防治工作是收获优质高产蔬菜的前提和保障。说到治理病虫害，人们最先想到的大概就是喷洒农药了。固然，喷洒农药是最常见的病害虫治理方法，但是喷洒农药在杀死病菌和害虫的同时对蔬菜本身也很有可能产生不良影响。而且，蔬菜上残留的农药进入人体之后会给人体健康带来不同程度的危害。比起喷洒农药这种"杀敌一千，自损八百"的方法，在栽培的各个环节做好预防措施，不使用农药也能杀菌杀虫，既环保又健康。下面介绍几种生态防治病虫害的方法。

1 选用抗病优质品种

　　选用抗病优质品种是防治病虫害最根本、最经济的方法。不同的品种对病虫害的抗性具有非常大的差异。根据当地的气候、降水、土壤条件来选择、引进优良的品种，能有效降低病虫害发生率和治理难度。配合品种的特性采用相对应的栽培方法，以充分发挥其抗性，将其优势最大化。

2 培育抗病虫壮苗

　　育苗是蔬菜种植过程中非常关键的一步，育苗做好了相当于成功了一半。播种之前对种子进行消毒处理，蔬菜品种和播种季节不同，种子消毒的方法也不一样，常用的有温汤浸种、多菌灵拌种消毒和化学消毒等方法。为了提高苗的质量，尤其是在病虫害多发的季节，可以采用育苗盆育苗。等到苗长到一定的大小和高度之后再移栽到地里，可以提高秧苗成活率和抗病虫害的能力。

采用育苗盆育苗，有助于提高苗的质量和抗病虫能力

3 调好基土

土壤是蔬菜赖以生存的根本，土壤的质量决定了蔬菜的质量。调出肥沃而富含微生物的土壤非常重要。土壤中的微生物会随着农药和化肥的使用而减少，土壤活性也会逐渐减低。喷洒农药杀死害虫的同时，益虫也被杀死了；作为害虫天敌的益虫减少了，害虫便会越来越猖獗，于是只能喷洒更多的农药，这样一来就很容易陷入死循环。为了防止这样的问题出现，可以在整地施基肥时，在土中根据蔬菜种类及栽培方法，加入适量的成熟堆肥或者腐叶土，以增加微生物，提高土壤的抗病虫害能力。

整地时可以多施堆肥作基肥，肥力更强更持久

4 防止杂草生长

杂草吸走土壤养分，破坏蔬菜生长环境，是导致病菌和害虫孳生的罪魁祸首。要想防治病虫害，除草势在必行。在定植时覆上黑色地膜或者稻草，可以有效防止杂草产生，从而大幅减轻除草工作。除此之外，还可以作高畦，在提高地温的同时减少水分的蒸发，避免土壤过于干燥；下雨时可以防止泥泞，从而减少土壤病的发生。

铺上塑料膜或稻草以防止杂草生长

5 利用防虫工具

在蔬菜地里盖上冷布或者无纺布是预防病害虫、防寒、防暑的好办法。在蔬菜上方搭隧道型搭架后盖上细孔的冷布，可以物理防治病害虫。要注意的是，冷布应该在定植完成之后立马盖上。播种之后为了防止鸟类啄食种子，也可以在播种后盖一层冷布，但是种子发芽长出1~2片叶子之后必须撤掉冷布。

播种或定植之后可以覆上一层冷布，以防止害虫和鸟类的侵袭

6 整治环境

所谓"靠天吃饭"，蔬菜的长势很大程度上被环境所左右。而光照是蔬菜种植过程中最重要的要素之一。绝大部分的蔬菜都适宜种在向阳的地方，光照条件好是蔬菜种植环境必备的条件。但是，不同的蔬菜对光照的时间和强度有不同的要求，要根据蔬菜的种类选择朝向。除了光照之外，通风问题也不容忽视。叶子过于繁茂，叶蔓恣意生长的话，会使通风条件恶化，诱发病虫害。定植时要保持足够的株距，配合生长进程及时进行整枝和摘心、改善通风条件。

最好选择向阳的地块种植蔬菜　　　　　　　通过间苗调整株距，改善通风条件

通过整枝和搭架改善通风条件有利于瓜果发育

⑦ 利用益虫消灭害虫

不使用农药防治害虫的话，地里的微生物会渐渐增多，害虫的天敌也会增多。想要借益虫之力消灭害虫的话，营造适合益虫生存的环境很重要。尽量避免使用农药这一点自不必说，还可以种一些能够吸引益虫的作物。例如，可以在茄子和柿子椒旁边种一些高粱或者大粒玉米。三叶草、艾草、薰衣草、迷迭香等植物有较强的吸引益虫的效果。

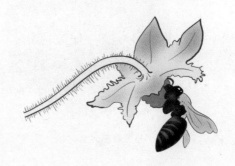

代表性的益虫有螳螂、青蛙、蜜蜂、蜘蛛和部分瓢虫。

⑧ 人工捉除害虫

在没有益虫可以利用的情况下可以采用人工捉除害虫的办法。人工捉除害虫一般在害虫行动迟缓的早上或者傍晚进行。藏在土中的害虫可以配合培土，将其翻出之后用脚踩死。

⑨ 适时栽培

不同品种的蔬菜适宜栽培的季节和气温条件也不一样。如果栽培时间与品种要求的时间有偏差的话很容易发生病虫害。因此，栽培之前要注意查看种子包装袋上的相关说明，参照说明适时进行栽培。

10 间作"共荣植物"

　　所谓的"共荣植物"是指两种特定种类的植物一同栽培，能产生促进生长、防治病虫害的植物组合。"共荣植物"可以同穴种植，也可以间作。

　　黄瓜和葱、番茄和韭菜适合同穴种植。葱根部的微生物可以有效防止黄瓜发生病虫害；韭菜可以缓解番茄的青枯病。某些蔬菜和特定的植物间作，不利用农药也可以达到减少害虫的效果。比如，迷迭香和薰衣草具有驱除蚜虫的作用，菊科的蔬菜与十字花科蔬菜间作可以减少青虫。此外，也可以在植株较矮的蔬菜外围种上高粱等高秆蔬菜，以遮挡害虫视线，减少害虫侵害。

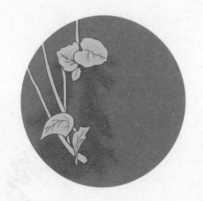

苦瓜和葱同穴种植

番茄和韭菜同穴种植

西兰花和莴苣间作

土豆的周围可种上甜高粱

十三、 阳台菜园

城市居民的居住空间非常有限，无法像农户一样拥有大片土地。但是，只要有一方阳台，城市居民同样可以拥有属于自己的小菜园——阳台菜园。阳台种菜极具观赏性，可以随时就地收获绿色健康的蔬菜，在快节奏的生活中放慢脚步感受耕耘和收获的乐趣，于身于心都是一种"治愈"。因此，越来越多的人成为"城市农夫"，而开辟阳台菜园也成为一种新的趋势。

阳台种什么菜，首先，要考虑个人爱好和需要，即"想种什么蔬菜"；其次，要考虑阳台的环境条件，即"能种什么蔬菜"。阳台的环境条件中最重要的是阳台朝向，朝向决定阳台的光照条件，而光照条件决定蔬菜种类。

1 朝南阳台

朝南的阳台日照时间最长，光照和通风条件良好，是最理想的种菜阳台。全日照环境是几乎所有蔬菜生长的最有利条件，即使在冬季，朝南阳台也基本能受到阳光直射。因此，朝南的阳台上一年四季可以种植绝大部分蔬菜，水生蔬菜也可以在朝南的阳台上种植。但是，朝南的阳台盛夏时光照过强，升温快，土壤水分蒸腾量大，要注意多浇水。

2 朝东阳台

光照条件为半日照，适合栽培喜光耐阴的蔬菜。在背阴处种耐阴的蔬菜，在栏杆边种喜光的蔬菜。如果空间允许，夏季可以种一些食果类的蔓性蔬菜；秋冬季是室内一侧光照条件较好，可以种一些食叶类蔬菜。

3 朝西阳台

朝西阳台冬季光照条件很差、温度很低；夏季时温度太高，蔬菜容易产生日烧，轻者落叶，重者死亡。因此，最好在阳台角隅种植耐高温的蔬菜，夏季要注意遮光。

4 朝北阳台

朝北阳台几乎全天都无法受到阳光直射，能种植的蔬菜范围最小。最好种植莴苣、韭菜等耐阴的蔬菜。在夏季要注意遮挡后面楼层反射过来的强光。

Chapter 02
食果类

　　新鲜的瓜果能给人带来不同于叶类蔬菜的营养，而且不同颜色的瓜果也可以为菜园子增添不一样的色彩。

草莓

蔷薇科草莓属

草莓酸甜可口，营养丰富，含有多种维生素、β-胡萝卜素、膳食纤维、钙等营养物质。其中维生素C的含量尤其高，比苹果、葡萄高7~10倍。草莓有"水果皇后"的美称，在欧洲被作为儿童和老年人的保健食品。

■主要营养成分：维生素C、叶酸、钾

■功效：缓解皮肤粗糙、防治牙龈出血、预防感冒、预防肠癌

■栽培要点

① 喜温凉，光照太强或气温过高时，应采取遮阳措施。

② 栽培期长，提高含糖量技术难度较大。

③ 根系分布浅，不宜深种。

1 播种

1 播种前将种子放在温水中，浸泡一夜。

2 在育苗盆中倒入培养土后浇透水，每次　播种1~2粒。

3 在种子上筛上一层细土，盆上盖一层薄膜。

2 定植

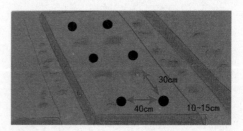

30cm

40cm　　10~15cm

1 出苗3~4个月之后即可移栽到地里。

2 去掉盆，连根带土移栽到土中，压实后浇足量的水。

3 追肥

1 先把根部附近的土挖松，将肥料撒入挖松的土中，混合好之后盖到根部上，注意不要盖住苗心。

2 若覆有地膜，可将手指伸入地膜开口中，在植株根部附近挖小穴，每穴施2~5g化肥。

4 覆盖地膜

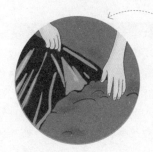

1 将地膜覆盖于整个草莓垄上，两头用土压紧。

2 在塑料膜对应植株的位置开十字切口，用手轻轻将草莓苗从切口拨出，之后用土压住塑料膜的边缘。

5 采收

1 开花后30~40天果实开始成熟，完全成熟的草莓通体呈红色。

2 挑个头大的，完全成熟的采收，采收时折断果柄即可。

6 新茎分株

1 采收完成之后选取健康无病虫害的植株为母株，按照离母株的距离由近到远的顺序剪下第二或第三子株。

2 剪子株时注意靠近母株一侧留2cm左右的长度，另一侧剪短。

四季豆

豆科菜豆属

学名叫"菜豆"，属短日照蔬菜，对日照要求不严格，四季皆可栽培，故称"四季豆"。其主要成分为蛋白质和粗纤维，B族维生素含量高，还含有β-胡萝卜素、皂苷、尿毒酶，以及钙、铁等多种微量元素，是难得的高钾、高镁、低钠食品。必须注意的是，食用四季豆时必须煮熟煮透，否则可能导致食物中毒。

■主要营养成分：维生素B$_2$、β-胡萝卜素、钙

■功效：提高免疫力、增强体质、促进新陈代谢、缓解慢性疾病

■栽培要点

① 生长期短，栽培难度低，可与其他蔬菜间作。

② 容易遭受蚜虫侵害，注意不要施肥过度。

1 播种·间苗

① 整地作畦后每隔约30cm挖小穴，每穴播种2~3粒。

② 在种子上铺一层薄土，之后浇足量的水。

③ 待豆苗长出2~3片真叶之后将生长不良的幼苗轻轻拔除。

2 追肥

① 以20~30g/㎡的基准在土垄中撒上化肥。

② 将植株周围的土挖松，与化肥混合好之后盖到豆苗根部。

3 搭架

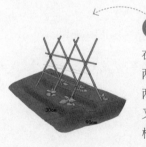

① 在长出藤蔓的菜豆两侧斜立支柱，使两侧的支柱上方交叉，交叉处横搭一根支柱之后用绳子固定。

② 在支柱上绑上细绳，做成间隔30~40cm的网格。
将长出的藤蔓缠到支柱上。

4 采收

① 开花10~15天之后即可采收，注意要在果实尚未完全成熟之前采收。

② 采收时注意不要损伤附近的藤蔓。

毛豆

豆科大豆属

毛豆即新鲜连荚的大豆，是最常见、最受欢迎的下酒菜之一。毛豆的纤维含量比任何蔬菜都要高，可谓蔬菜中的纤维翘楚。除此之外，还含有丰富的植物性蛋白质，B族维生素、钾、镁元素的含量也很高，还有大豆中没有的维生素C。

■主要营养成分：食物纤维、维生素C、维生素B_1

■功效：缓解夏季倦怠无力、食欲不振，降低血压和胆固醇，改善便秘

■栽培要点

①生长期较长，栽培难度适中。

②发芽之后注意预防鸟类啄食幼苗。

③干燥天气持续的情况下需要浇水。

1 播种

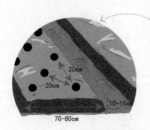

①
整地作畦后盖上地膜，在地膜上每间隔20cm开十字切口，挖一个深度约为1cm小穴。

③
在种子上盖上一层薄土，轻轻压实。

②
手指从开口处伸进地膜，在每个小穴中放入2~3粒种子。

2 追肥

① 当豆苗开始开花时，需要进行追肥。

② 以20~30g/㎡的基准在土垄中撒上化肥。

③ 将植株周围的土挖松，与化肥混合好之后盖到豆苗根部。

3 采收

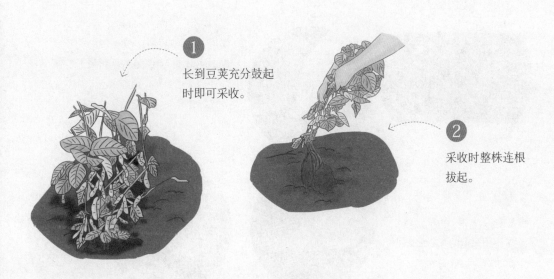

① 长到豆荚充分鼓起时即可采收。

② 采收时整株连根拔起。

荷兰豆

蝶形花科豌豆属

荷兰豆并非产于荷兰，其原产地为地中海沿岸及亚洲西部。之所以称为荷兰豆，是因为是荷兰人将其从原产地传入了中国。有趣的是，荷兰豆在荷兰被叫作"中国豆"。虽然其原因不得而知，但是这种截然相反的称呼透着一种幽默感。

荷兰豆富含维生素和胡萝卜素，最特别的是它含有特有的植物凝集素及止权素等物质，有利于增强人体新陈代谢。荷兰豆性平、味甘，有益脾和胃的作用，脾胃虚弱的人可以适量多吃。但要注意，未熟透的荷兰豆容易造成食物中毒，因此食用时一定要煮熟、煮透。

■主要营养成分：维生素B$_1$、维生素C和β-胡萝卜素

■功效：增强新陈代谢、益脾和胃、缓解便秘

1 播种

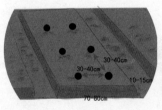

① 整地作畦后每隔30cm左右挖直径约为8cm的小穴，每个小穴中放2~3粒种子。

② 在种子上盖一层约为3倍种子厚度的土，轻轻压实后浇足量的水。

2 搭架

① 在成排的植株两端各立一根较粗的竹竿。

② 在竹竿两边横向拉数条细绳，将植株围在细绳之间。

3 追肥

① 搭架之后施肥一次，化肥用量为20~30g/㎡。

② 开始开花之后需追肥一次，化肥用量与前一次相同，松土后将混有化肥的土堆在苗的根部。

4 采收

① 当豆荚长到可以从外面看到内部微微隆起的果实时就可以采收了。

② 注意在豆荚完全成熟、变硬之前采收。

秋葵

锦葵科秋葵属

原产于埃塞俄比亚附近，外形酷似辣椒，因而又称"洋辣椒"。其特点是富含黏液，但吃起来滑润不腻，脆嫩多汁。秋葵的黏液有促进胃肠蠕动的作用，有利于改善消化功能、保护肠胃。

■主要营养成分：β-胡萝卜素、B族维生素、食物纤维

■功效：保护肠胃、预防肠癌、强肾补虚、美容养颜

■栽培要点

① 耐旱也耐湿，栽培难度低。

② 不耐寒，气温10℃以下时要采取防寒措施。

③ 植株很高，植株之间应留有足够的间隔。

④ 注意在果实完全成熟之前采收。

1 播种

① 播种前将种子放在水中，浸泡一夜。

② 将泡过水的种子每次2~3粒埋入装有培养土的育苗盆中。在种子上盖上一层薄土，轻轻压实后浇足量的水。

2 定植

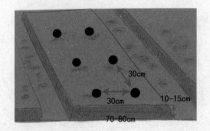

① 当幼苗长出4~5片真叶之后即可移栽到地里。

② 去掉盆，连根带土移栽到土中，压实后浇足量的水。

3 追肥

① 定植之后20天左右开始到9月中旬每隔两周追肥一次。

② 在植株根部旁边挖一条浅沟，在沟中均匀撒入化肥。

③ 将化肥与土充分混合后，配合培土盖到植株根部。

4 采收

① 开花后1周至10天即可采收。

② 由于果柄坚硬，可利用剪刀采收。果头老化后果肉变硬，影响口感，应注意及时采收。

南瓜

葫芦科南瓜属

南瓜属夏季蔬菜，但很耐保存，只要保存方法得当，可以留到冬季甚至来年。南瓜的嫩果味甘可口，老瓜又粉又糯，既可以做成点心，还可以用作饲料或杂粮；南瓜瓜子炒熟之后还可以做零食，可谓好处多多。多食用南瓜能帮助改善肤质、预防感冒、活化大脑功能。

■主要营养成分：β-胡萝卜素、维生素C、维生素E

■功效：预防感冒、抗癌、美肤

■栽培要点

① 既耐高温又耐低温，栽培难度低。

② 藤蔓茂盛，前期需要整枝并立好支柱。

③ 若发现金花虫，应在早晨或傍晚及时捕杀。

1 播种

① 将种子放入水中浸泡一夜。

② 在育苗盆中倒入培养土，将泡好的种子每次1~2粒埋入土中1cm左右深处。

③ 覆土，轻轻压实后浇足量的水。

2 定植

① 长出4~5片真叶时即可移栽。

② 去盆，连土带苗移栽到地里。

3 整枝

① 将根部到5~6片叶子之间的多余的侧枝剪掉。

② 7月上旬至7月下旬将子蔓上的孙蔓全部摘掉。

4 追肥

① 开始结果时需追肥一次。

② 若生长缓慢，可以在植株根部施适量鸡粪或氮肥。

5 采收

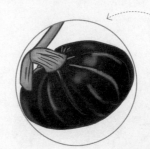

① 果柄变硬、长出白线后即可用剪刀采收。

② 采收后的南瓜放在通风处自然催熟之后甜味更好。

黄瓜

葫芦科黄瓜属

黄瓜是最常见的夏季蔬菜，成分中水分占95%以上，因而现在常被切成薄片作为补水面膜使用。黄瓜口感清爽，脆嫩多汁，适合生吃；黄瓜皮含有丰富的营养素，食用时应当保留。黄瓜生吃时，应该先放在盐水中泡15~20分钟，以去除残留的农药。

■主要营养成分：维生素E、氨基酸、丙醇二酸

■功效：补水祛斑、抗衰老、防治酒精中毒、利尿

■栽培要点

① 栽培难度较低，但是管理作业较多。

② 茎秆比较脆、易折断，应尽早搭架。

③ 可分次播种，长期收获。

1 播种

① 将种子放入水中浸泡一夜。

② 在育苗盘中倒入培养土，以2cm×3cm的行距播种。

③ 筛上一层腐叶土后，浇足量的水。

④ 长出两片叶子之后移到育苗盆中。

2 定植

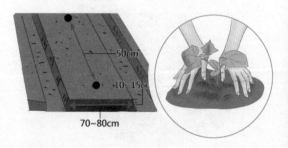

50cm

10~15cm

70~80cm

① 长出4~5片真叶时即可移栽。

② 去盆，连土带苗移栽到地里，株距50cm。

3 搭架

① 在苗两侧斜立支柱，使两侧的支柱上方交叉，交叉处用绳子固定。

② 在支柱上横向系上两三根细绳，以便于藤蔓攀缘。

4 整枝·摘心

① 去除主蔓底部向上5~6片叶子之间的侧枝。

② 侧蔓结果后留1~2片叶掐尖，当茎超过搭架架头时要及时掐尖。

5 追肥

① 开始结果时在植株之间施鸡粪或其他有机肥料。

② 结果期间每隔两周追肥一次。

6 采收·取种

① 最初的2~3条嫩果及时采收有利于母株的生长。

② 待果实完全成熟、自然变色之后摘下，切开后取出种子，洗净风干后密封保存。

芝麻

胡麻科胡麻属

芝麻有"八股之冠"之称，是我国主要油料作物之一。芝麻种子的含油量高达55%，提炼出的芝麻油既可制成食用油，也能用于医药和工业领域，经济价值很高。常吃芝麻可缓解便秘，改善肤质，调节胆固醇。多吃黑芝麻能促进生发，并有助于缓解脱发及头发早白问题。

■主要营养成分：维生素E、亚油酸、蛋黄素

■功效：改善肤质、缓解便秘、（黑芝麻）促进生发

■栽培要点

①生长期较长，栽培难度一般。

②喜高温，适合种植在日照强、排水好的地方。

③施肥过度易倒伏，注意控制施肥量。

1 播种

① 夏芝麻适宜在光照强的6月播种，秋芝麻适宜在7月上、中旬播种。

③ 在种子上盖上一层薄土，用手轻轻压实后浇足量的水。

② 用锄头整出浅沟后均匀撒上芝麻种子。

15cm
20~30cm
10~15cm
70~80cm

2 间苗

在苗长出3~4片真叶之后进行间苗，每株间隔10~15cm。

3 追肥

① 天气条件好、生长顺利的情况下可以不用施肥。

② 生长延缓时可以在植株根部附近施少量化肥。

4 采收

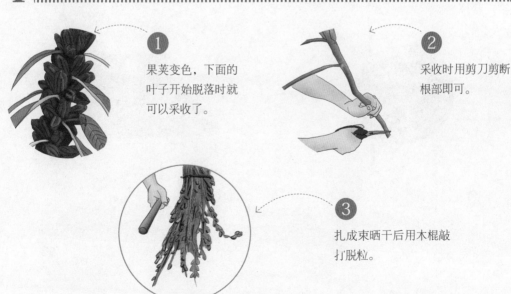

① 果荚变色，下面的叶子开始脱落时就可以采收了。

② 采收时用剪刀剪断根部即可。

③ 扎成束晒干后用木棍敲打脱粒。

长豆角

豆科豇豆属

长豆角的学名叫"豇豆",在中国有很长的栽培历史。长豆角果形细长,质地脆嫩,炒食、腌制皆宜。长豆角富含蛋白质和维生素,还含有能够促进胰岛素分泌的磷脂,非常适合糖尿病病人食用。与其他豆类一样,长豆角食用时必须煮熟煮透,不然容易导致腹泻和食物中毒。

■主要营养成分:维生素C、维生素B₁、磷脂

■功效:健胃补肾、促进胰岛素分泌、止泄生津

■栽培要点

① 喜高温,耐热性强,栽培难度较低。

② 一般情况下不需要施基肥,也不用追肥。

③ 攀缘植物,需要适时搭架。

1 播种

①

整地挖穴,每穴3粒种子,呈三角形放置。

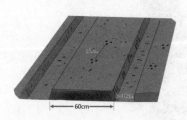

②

在种子上盖约3倍种子厚度的土,轻轻压实。

2 间苗

当苗长出一对真叶时进行间苗，蔓生性品种株距以20~25cm为宜。

3 搭架

① 藤蔓长出之后需要搭架。

② 品种不同藤蔓长度也有所不同，需根据品种选择相应高度的支柱。

4 采收·取种

① 开花7~12天后豆荚组织柔嫩，此时采收味道最为鲜美。

② 当果荚表皮萎黄时采下，晒干脱粒后装瓶密封保存。

赤小豆

豆科海红豆属

目前市场上出售的所谓"红豆"通常就是赤小豆，"红豆"是赤小豆的一个别称。真正的红豆指的是海红豆，呈圆柱状，颗粒比赤小豆大，呈暗棕红色。购买时应注意分辨清楚，不要将二者混淆。

■主要营养成分：维生素B_1、钙、叶酸

■功效：利湿消肿、清热解毒、行血补血、利尿通便

■栽培要点

①栽培期较长，难度一般。

②发芽到开花期间注意预防鸟类啄食幼苗。

③干燥天气持续的情况下需要浇水。

④播种太早易出现只长苗不结果的问题。

1 播种

① 播种不宜过早。

② 整地挖穴，每穴3粒种子，注意种子不能重叠。

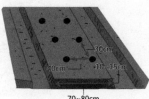

70~80cm

30cm
40cm
10~15cm

③ 在种子上盖一层土，轻轻压实后浇足量的水。

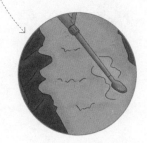

2 追肥

1 以10g/株的基准在植株根部周围撒上化肥。

2 将植株周围的土挖松，与化肥混合好之后盖到豆苗根部。

3 采收

1 当植株七成变色时即可采收。果实完全成熟之后会自然脱落，要注意及时采收。

2 采收时将植株连根拔出，去除根部残土之后挂在通风处晾干，用小锤子或木棒敲打风干的豆荚。

3 脱粒后挑出杂物和有虫眼的，剩下的装瓶密封保存。

蚕豆

豆科野豌豆属

蚕豆原产欧洲地中海沿岸、亚洲西南部至北非地区，相传在西汉时由张骞带回中国。因为形似老蚕，所以被称为"蚕豆"。江南一带通常在立夏时节采食蚕豆，因此蚕豆在江南地区又称作"立夏豆"。

■主要营养成分：氨基酸、维生素B$_1$、胆石碱、钙、铁

■功效：增强记忆力、益气健脾、降低胆固醇、改善便秘

■栽培要点

①栽培难度一般，但生长期较长。

②秋季播种，需越冬，第二年春季收获。

③开花期需施肥，若有蚜虫侵害则需停止施肥。

④春季需掐尖。

1 播种

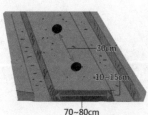

30cm

10~15cm

70~80cm

① 作畦后将种子种脐斜向下插入土中，每穴一粒，间隔30cm。

 ② 在种子上盖一层土后，浇足量的水。

2 搭架·追肥·掐尖

① 为了避免植株倒伏，可根据生长情况在田畦四角各立一根支柱后用细绳围成四边形。

② 第二年4月中旬至4月下旬在植株周围撒上化肥，每平方米一把；将化肥与土混合后盖到植株根部。

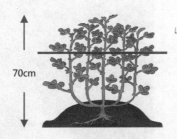

70cm

③ 当植株长到70cm左右高时进行打顶摘心。

3 采收

① 豆荚背部长出黑线，荚尖朝下时就可以采收了。

② 选取果形饱满的先采收。

西瓜

葫芦科西瓜属

西瓜是毋庸置疑的夏季代表性水果，堪称"盛夏之王"。西瓜有清热利尿、降温、降暑、降血压的作用，中国民间甚至有"夏日吃西瓜，药物不用抓"的谚语。西瓜甘甜多汁，清爽解暑，是夏季清热消暑的最佳选择。

■主要营养成分：维生素C、葡萄糖、钾

■功效：清热利尿、预防高血压、增强肾功能、美白润肤

■栽培要点

① 容易受气温影响，栽培难度大。

② 喜高温和强光，应种在光照强的地方。

③ 最适合种在排水性好的砂质土壤中。

1 播种

① 将种子放入水中浸泡一夜。

② 在育苗盆中倒入培养土，将泡好的种子每次1~2粒埋入土中1cm左右深处。

③ 覆土，轻轻压实后浇足量的水。

2 定植

① 长出5~6片真叶时即可移栽。

② 去盆，连土带苗移栽到地里后浇足量的水。

3 整枝·诱导

① 瓜苗长出藤蔓以后在植株周围铺上稻草或者麦秆。

② 当主蔓长出8~9叶之后，保留主蔓和两个健壮的侧蔓，摘除其余所有子蔓和孙蔓。

4 追肥

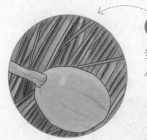

① 当幼瓜长到鸡蛋大小时开始追肥。

② 在未长藤蔓的一侧挖浅沟，在浅沟中均匀撒入化肥，每平方米20~30g。

5 采收

① 授粉后30~40天之后果柄上的叶子渐枯时即可采收。

② 提前记录好授粉日期，可以在预订成熟时取样瓜，切开品尝，确认成熟后分批采收。

西葫芦

葫芦科南瓜属

西葫芦原产北美洲南部，于19世纪中叶从欧洲传入中国。中医认为西葫芦具有清热利尿、除烦止渴、润肺止咳、消肿散结的功能，可用于辅助治疗水肿腹胀、烦渴、疮毒，以及肾炎、肝硬化腹腔积液等症。

■主要营养成分：维生素C、葡萄糖、钙

■功效：清热利尿、消肿散结、抗肿瘤

■栽培要点

①对土壤要求不高，各种土壤皆可栽种，栽培难度低。

②喜湿、不耐旱，注意水分管理。

③植株大，注意留足够的间距和空间。

1 播种

① 播种前将种子用布包好，放在水中浸泡一夜。

② 在育苗盆中加入腐叶土后挖穴，每穴一粒种子。

③ 在种子上盖一层薄土，轻轻压实后浇足量的水。

2 定植

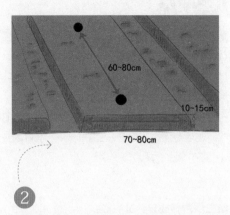

60~80cm

10~15cm

70~80cm

1 当苗长出4~5片真叶时即可移栽到地里。

2 去盆，间隔60~80cm连土带苗移栽到土中后浇足量的水。

3 追肥

1 定植半个月至1个月开始追肥，每平方米一把（20~30g）。

2 此后，根据具体生长情况追施复合肥或者喷施叶面肥。

4 采收

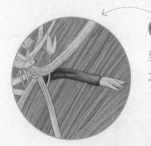

1 当果实长到合适的大小时即可采收。

2 采收时注意不要伤到主蔓，尽量让瓜柄留在主蔓上。

越瓜

葫芦科黄瓜属

越瓜是甜瓜的变种，经越南传入中国，故名越瓜。中国自古栽培越瓜，北魏末期的《齐民要术》中已有相关记载。越瓜的水分含量极高，约占总体的96%。越瓜一般采食嫩瓜，口感清脆，成熟之后有清香，但是没有甜味。夏季食用越瓜能清热止渴，有利尿的作用

■主要营养成分：维生素C

■功效：缓解烦热口渴、利尿、解酒毒

■栽培要点

① 各种土壤皆可栽种，栽培难度低。

② 喜温耐热，适宜在温度高的季节种植。

③ 不耐低温，最好在室内育苗之后再定植。

1 播种

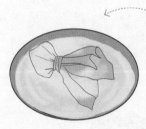

1 播种前将种子用布包好，放在水中浸泡一夜。

2 在育苗盆中加入腐叶土后挖穴，每穴2粒种子。

3 在种子上盖一层薄土，轻轻压实后浇足量的水。

2 定植

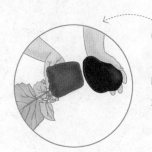

① 当苗长出4~5片真叶时即可移栽到地里，间隔1m。

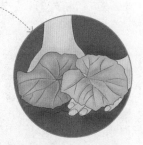

② 去盆，连土带苗移栽到土中后浇足量的水。

3 摘心

① 当植株长出5~6片真叶时摘心，促发子蔓。

② 开始结果之后子蔓上留四条孙蔓，孙蔓留两片叶子，其余摘除。

4 追肥

① 长出子蔓后开始第一次追肥。

② 在未长藤蔓的一侧挖浅沟，在浅沟中均匀撒入化肥，每平方米20~30g。

③ 坐瓜期再追肥 次。

5 采收

① 嫩瓜口感最佳，注意在完全成熟之前采收。

② 采收时用剪刀剪断瓜柄即可。

朝天椒

茄科辣椒属

果实簇生于枝端，直指青天，故名朝天椒。朝天椒的果实个头小，但是辣度非常高，适合制成干辣椒。朝天椒是我国三大干椒之一，其栽培面积已跃居全国干椒之首。成熟之后的朝天椒色泽鲜红油亮，椒形规整美观，味道香辣，兼具实用性和观赏性，盆栽朝天椒是非常好的选择。

■主要营养成分：辣椒素、辣椒碱、粗纤维

■功效：促进血液循环、舒缓疼痛、增加食欲、祛风散寒、降低胆固醇

■栽培要点

① 栽培期较长，难度适中。

② 喜高温，适宜在高温季节栽种。

③ 幼苗不耐低温，育苗应在温暖环境中进行。

1 播种

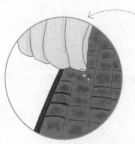

①

在育苗盘中加入培养土后点播，每穴1粒种子。

③

长出1~2片真叶后移栽到育苗盆中。

②

在种子上盖一层薄土，轻轻压实后浇足量的水。

2 定植

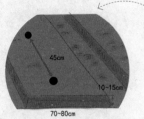

① 秧苗长出10片以上的真叶，室外气温足够高之后方可移栽到地里，间隔45cm左右。

② 去盆，连土带苗移栽到土中后浇足量的水。

3 整枝

开始开花时摘掉侧枝。

4 追肥

① 开始开花之后，每月追肥两次。

② 在植株的根部施化肥。

5 采收

① 定植3个月左右，果实变红之后即可采收。

② 将成熟椒连株柄剪下，串挂在通风处晾干。

柿子椒

茄科辣椒属

柿子椒是青椒的一种，因为有红、黄、紫等多种颜色，故又名"彩椒"。柿子椒普遍辣味较淡，有些品种甚至完全没有辣味。与其他辣椒一样，胃溃疡、胃肠炎、痔疮患者，以及阴虚火旺者应少食或忌食。

■主要营养成分：维生素C、维生素 E、维生素 B_6、辣椒素

■功效：散寒除湿、镇痛、抗氧化、增进食欲、促进脂肪新陈代谢

■栽培要点

①夏季和秋季皆可栽种，栽培难度低。

②种植环境不宜过于湿润或过于干燥，注意排水管理。

1 播种

① 播种前将种子用布包好，放入水中浸泡一夜。

② 在育苗盆中加入培养土后挖穴，每穴1~2粒种子。

③ 在种子上盖一层薄土，轻轻压实后浇足量的水。

2 定植

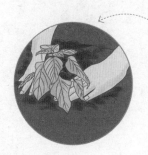

① 秧苗长出6~7片真叶之后即可移栽。

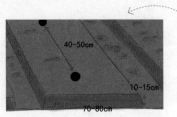

② 在宽70~80cm，高10~15cm的田畦上挖出间距40~50cm的苗坑若干个。

③ 去盆，连土带苗移栽到地里。

3 整枝·追肥

① 开始开花时保留首花下面两根侧枝，下部的其余侧芽全部摘除。

② 从开始结果到9月份，可根据具体生长情况追施化肥1~2次。

4 采收

① 果实长到5~6cm长时即可采收，完全成熟变色的果实营养价值更高。

② 采收时用剪刀剪断果柄，注意不要折断茎秆。

冬瓜

葫芦科冬瓜属

冬瓜成熟之际，瓜皮会蒙上一层白粉状物质，看起来很像冬天的白霜，因而冬瓜也称"白瓜"。冬瓜是典型的高钾低钠型蔬菜，适合肾脏病、高血压、浮肿病患者食用。冬瓜性寒，脾胃虚弱、腹泻腹痛、痛经者应慎食。此外，醋会破坏冬瓜中的营养物质，因此，冬瓜不宜与醋一同食用。

■主要营养成分：维生素B$_1$、维生素C、硒、钾

■功效：清热消肿、清肺化痰、利尿、抗癌

■栽培要点

① 不挑土质，耐热，栽培难度低。

② 藤蔓茂盛，整枝必不可少。

1 播种

① 播种前将种子用布包好，放入水中浸泡一夜。

③ 在种子上盖一层薄土，轻轻压实后浇足量的水。

② 在育苗盆中加入培养土后挖穴，每穴1~2粒种子。

2 定植

1 秧苗长出4~5片真叶之后即可移栽。

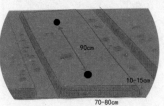

90cm

10~15cm

70~80cm

2 在长70~80cm，高10~15cm的田畦上挖出间距90cm的苗坑若干个。

3 去盆，连土带苗移栽到向阳处。

3 整枝·摘心

1 长出5~6片真叶之后对主蔓进行整枝、摘心，促发子蔓。

2 子蔓结果后摘除所有的孙蔓。

4 采收

1 通常开花后45~50天即可采收。

2 采收时用剪刀剪断果柄即可。

玉米

禾本科玉蜀黍属

玉米是全世界总产量最高的粮食作物，也是营养
价值最高的主食材料之一。玉米含有丰富的膳食
纤维，可以促进肠胃蠕动和胆固醇的代谢，有助
于防止便秘。玉米须可入药，有较强的利尿功
能，常用于泌尿系统感染、水肿等疾病的治疗。

■主要营养成分：维生素E、胡萝卜素、β-膳食
纤维、硒

■功效：延缓衰老、抗癌、明目、降低胆固醇、
利尿止泻

■栽培要点

① 栽培难度一般。

② 喜温、喜光，适宜种植在向阳的地方。

③ 为了方便授粉，最好两两成排种植。

1 播种·间苗

① 整地作畦后盖上地膜，在地膜
上开口挖小穴，每穴放3粒种
子，间距30cm。

② 苗高15cm左右时间苗，每穴留1~2
棵苗。（小技巧：在玉米植株间间
作大豆或者花生等豆科植物，有利
于预防虫害。）

2 追肥

① 用剪刀或其它工具去除生长较弱的植株；苗高20~30cm时在植株之间追施化肥。

② 苗高50~60cm时再追肥一次。

3 授粉

① 家庭菜园种植棵数较少时推荐进行人工授粉。

② 剪下雄穗，将花粉抖落到雌穗的胡须上即可。

4 采收

① 当玉米尖端的胡须枯萎，变成茶色时即可采收。

② 米收时用手握住玉米上端整个掰下即可。

番茄

茄科番茄属

番茄是全世界栽培最为普遍的果菜之一，因其营养丰富、风味独特而备受各国人民喜爱。番茄含有大量的维生素，其中最主要的是番茄红素。番茄红素是β-胡萝卜素中的一种，具有很强的抗氧化能力，能够清除自由基，预防心血管疾病，降低胰腺癌、直肠癌等癌症的发病风险。

■主要营养成分：番茄红素、维生素C、B族维生素

■功效：延缓衰老、防癌抗癌、降压降脂、美容护肤

■栽培要点

① 育苗稍难，整体栽培难度一般。

② 应避免与其他茄科植物连作。

③ 喜温喜水，适合高畦深种。

1 播种

① 在育苗盘中加入培养土播种，每穴1粒种子。

② 播种后浇足量的水。

③ 长出3~4片真叶后移到育苗盆中。

2 定植

① 移栽前摘掉所有的侧芽（主枝与叶子之间的芽）。

② 长出6~7片真叶、即将开花时即可移栽。

③ 去盆，连土带苗移栽到地里后浇足量的水。

3 搭架

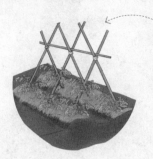

① 在植株两侧10cm左右斜立支柱，上部交叉，交叉处与眼睛平行。

② 用细绳将植株主茎绑在支柱上，注意要绑"8字结"。

4 追肥

① 开始结果时追施氮肥或液体肥料。

② 之后，根据具体生长情况，每隔1~2周追肥1次。

5 整枝·摘心

① 摘除所有的侧枝，只留主枝。

② 植株过高时摘取顶梢，留两片叶子。

6 采收

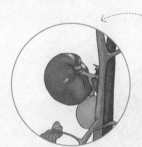

① 果实除了果蒂处以外几乎整个变红时即可采收。

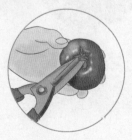

② 采收时用剪刀剪断果柄，注意果蒂部分尽量剪短。

茄子

茄科茄属

茄子最早产于印度，公元4~5世纪传入中国。食用茄子有助于保护血管，抑制消化道肿瘤细胞的增殖和转移。茄子中还含有维生素C、B族维生素和皂草苷，有助于降低胆固醇，缓解痛经等。

■主要营养成分：芦丁、维生素C、B族维生素

■功效：保护血管、抗肿瘤、清热活血、降低胆固醇

■栽培要点

①栽培期长，难度一般。

②栽培期、收获期长，追肥必不可少。

③喜高温、对光照要求高，在日照长、强度高的环境中生长旺盛。

1 播种

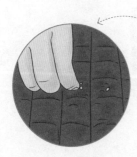

① 在育苗盘中加入培养土播种，每穴1粒种子。

② 播种后浇足量的水。

③ 长出2~3片真叶后移到育苗盆中后浇足量的水。

2 定植

1 秧苗长出8~9片真叶之后即可移栽。

2 将育苗盆放入水中，充分吸水后控干。去盆，连土带苗移栽到地里，间距60cm。

3 整枝·追肥

1 初花开花之后，选留两根健壮的侧枝，下部其余的侧枝全部去掉。

2 定植之后20~25天在植株间追施氮肥或者鸡粪。之后每隔两周追肥一次。

4 采收

1 根据品种不同，果实大小也有所不同。

2 果实长到合适的大小后用剪刀剪断果柄即可。

5 取种

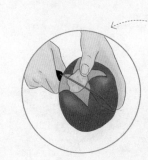

1 取种用的茄子留在植株上，待其完全成熟之后再采收。

2 将茄子切开，取出种子，洗去多余的果肉，晒干即可。

苦瓜

葫芦科苦瓜属

苦瓜原产于东印度，明末时期传入中国。其含有的维生素C有利于提高人体免疫力，因此是癌症患者的理想食物。值得一提的是，苦瓜中含有一种特殊的糖苷——苦瓜苷，还含有类似胰岛素的物质，具有良好的降血糖的功效，非常适合糖尿病患者食用。

■主要营养成分：维生素C、β-胡萝卜素、苦瓜苷

■功效：清热解毒、降血糖、抗癌、养颜美肤

■栽培要点

①病虫害发生率低，栽培难度低。

②耐热不耐寒，温度越高越有利于植株生长。

1 播种

① 播种前将种子用布包好，放入水中浸泡一夜。

② 在育苗盆中加入培养土后挖穴，每穴1~2粒种子。

③ 在种子上盖一层薄土，轻轻压实后浇足量的水。

2 定植

① 秧苗长出5~6片真叶之后即可移栽。

② 将育苗盆放入水中，充分吸水后控干。

③ 去盆，连土带苗移栽到地里，间距1m。

3 搭架

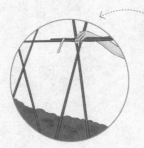

① 在苗两侧斜立支柱，使两侧的支柱上方交叉，交叉处用绳子固定。

② 在支柱上绑上细绳，做成间隔30~40cm的网格。将长出的藤蔓缠到支柱上，引导其攀缘。

4 追肥

① 生长顺利的情况下可以不追肥。

② 生长延缓的情况下，苗高50cm左右时施适量化肥或鸡粪，配合培土翻入土中。若生长依然缓慢，则每隔两周施肥一次。

5 采收

① 开花后15~20天，果实长到足够大之后即可采收。

② 采收尚未完全成熟的青色果实。

6 取种

① 取种用的果实留在植株上，自然成熟、变成橙黄色之后摘下。

② 切开，取出种子；洗去种子上包裹的红色果肉，晒干即可。

佛手瓜

葫芦科佛手瓜属

佛手瓜的果实、地下块根、嫩茎叶，甚至卷须，均可食用，可谓全身都是宝。佛手瓜是难得的含锌量较高的蔬菜，能促进智力发育、缓解视力衰退，是儿童和老人食用蔬菜的不二之选。此外，对不孕不育，尤其是男性性功能衰退有非常明显的疗效。佛手瓜还含有丰富的维生素、钙、铁等微量元素。

■主要营养成分：维生素C、锌、钙、硒

■功效：提高智力、抗氧化、降血压、增强男性性功能

■栽培要点

① 整瓜育苗，发芽后移栽到地里。

② 植株高大，需搭架或搭棚。

1 播种

①

在育苗盆中倒入腐叶土，将种瓜横向浅插入土中。

②

浇足量的水，至育苗盆底部渗出水为止。

2 定植

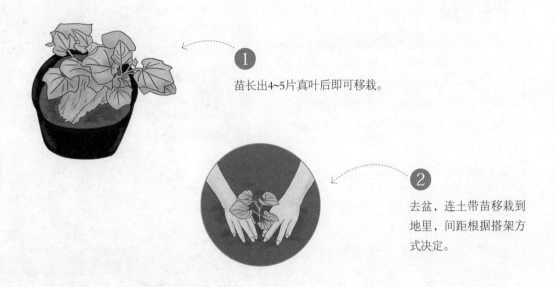

① 苗长出4~5片真叶后即可移栽。

② 去盆，连土带苗移栽到地里，间距根据搭架方式决定。

3 搭架·追肥

① 长出侧蔓后搭隧道型支架，支柱高度以80~100cm为宜。

② 生长顺利的情况下可以不用追肥，若生长延缓可每月追施一次氮肥或鸡粪。

4 采收

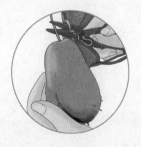

① 开花2~3周后即可采收。

② 注意要在霜降之前采收完毕。

丝瓜

葫芦科丝瓜属

原产印度，又名"菜瓜"。丝瓜汁有"美人水"之称，是不可多得的美容佳品。成熟丝瓜里面的网状纤维成为"丝瓜络"，可代替海绵用来洗刷灶具及家具，也可入药，有清热解毒之效。

■主要营养成分：维生素B$_1$、维生素C、钙

■功效：抗衰老、美白祛斑、抗病毒、抗过敏

■栽培要点

①藤蔓茂盛，需要搭建有一定高度的支架。

②喜湿、不耐干旱，注意加强水分管理，保持土壤湿度。

③不挑土质，适应性较强，栽培难度一般。

1 播种

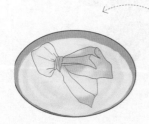

① 播种前将种子用布包好，放入水中浸泡一夜。

② 在育苗盆中加入培养土后挖穴，每穴1~2粒种子。

③ 在种子上盖一层薄土，轻轻压实后浇足量的水。

2 定植

① 长出4~5片真叶之
后即可移栽。

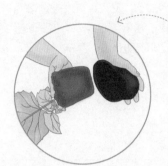

② 去盆，连土带苗移
栽到地里，间距
30~40cm。

3 搭架·追肥

① 当蔓长30cm时，选取较长较粗的
支柱搭T字形支架。

② 定植约1个月之后追施适量氮肥或
鸡粪。

③ 开始结果后再追肥一次。

4 采收

① 果实长30~40cm时即可采收。

② 果实老化后果肉变硬，影响口感，
注意及时采收。

甜瓜

葫芦科黄瓜属

甜瓜因味道甘甜而得名，又因为有独特的清香，也被称为"香瓜"。甜瓜和西瓜一样，是典型的夏季消暑水果。甜瓜又甜又脆，营养丰富。

■**主要营养成分**：维生素C、维生素B$_1$、维生素B$_2$、β-胡萝卜素

■**功效**：清热解暑、除烦止渴、利尿

■**栽培要点**

① 不挑土质，但对温度比较敏感，栽培难度一般。

② 对光照要求高，需要保证足够长的光照时间。

③ 喜温耐热，极度不耐寒，需等气温足够高时再定植。

1 播种

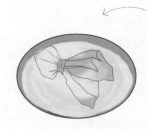

① 播种前将种子用布包好，放入水中浸泡一夜。

② 在育苗盆中加入培养土后挖穴，每穴1~2粒种子。

③ 在种子上盖一层薄土，轻轻压实后浇足量的水。

2 定植

① 长出4~5片真叶之后即可移栽。

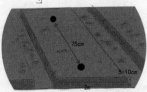

② 去盆，连土带苗移栽到地里，株距75cm。

3 摘心·整枝

① 瓜苗长出5~6片真叶时对主蔓进行摘心，选留3条健壮的子蔓，其余的子蔓摘掉。

② 将子蔓12片叶子以上的部分摘掉。

4 追肥

① 开始开花时追肥一次，适量多施钾肥，可施少量氮肥。

② 孙蔓开始结果之后再追肥一次。

5 采收

① 开花后40~45天，果实成熟之后即可采收。

② 采收时用剪刀剪断果柄即可。

Chapter 03
食叶·茎·花类

　　除了给人们补充必不可少的膳食纤维，各种蔬菜带给人们
不同的种植体验、不同的口感和味道。

冬寒菜

锦葵科蔓锦葵属

冬寒菜也叫冬葵、滑菜等，是一种供应期比较长的绿叶蔬菜。冬寒菜富含维生素C、B族维生素和β-胡萝卜素，还含有钙、铁、磷等营养物质，具有清热润肠的作用。冬寒菜可炒食、可煲汤，口感柔滑，味道独特。但冬寒菜性寒，孕妇慎食，脾虚肠滑者忌食。

■主要营养成分：维生素C、B族维生素、β-胡萝卜素

■功效：清肺止咳、清热排毒、抗疲劳

■栽培要点

① 喜凉耐寒，忌高温，适宜在秋冬季节种植。

② 对土壤要求较低，栽培难度较小。

③ 开花后茎和叶会变硬，应在开花之前摘掉花蕾。

1 播种

①
整地作平畦后将种子均匀撒播在土中。

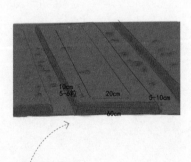

②
5~6粒种；行距20cm，每10cm播撒，播种后可施足量的人粪或畜粪。

2 间苗

① 长出2~3片真叶时进行第一次间苗，将生长不佳的苗拔除。

② 之后根据生长情况再进行1~2次间苗，最终保持30cm的株距。

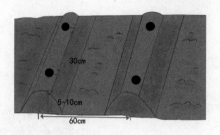

30cm

5~10cm

60cm

---

3 追肥·整枝

① 定植之后每个月在植株间撒氮肥或鸡粪一次。

② 苗高25cm左右时摘除所有侧芽。

4 采收

① 随时可采收嫩叶。

② 开花后茎叶变硬，影响口感，注意在开花之前摘除花蕾。

芥菜

十字花科芸薹属

芥菜原产于中国，是有名的中国特产蔬菜。芥菜中含有大量具有氧化还原作用的抗坏血酸，能增强大脑对氧的利用，因此食用芥菜有助于提神醒脑，解除疲劳。芥菜中β-胡萝卜素和纤维素的含量也很高，因而有明目和润肠通便的作用，可用于眼疾患者的食疗，也适合便秘者食用。

■主要营养成分：β-胡萝卜素、B族维生素、维生素C

■功效：提神醒脑、缓解疲劳、明目通便、解毒消肿

■栽培要点

① 喜冷凉润湿，不耐旱。

② 需根据生长情况进行间苗，间苗时的嫩菜可食用。

1 播种

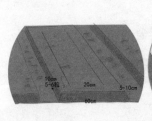

① 作平畦后，行播，行距20cm，每10cm播撒5~6粒种子。

② 在种子上盖一层薄土，轻轻压实。

2 间苗·追肥

① 长出真叶之后进行第一次间苗，减小植株密度。

② 之后根据生长情况进行2~3次间苗，最终株距约为35cm。

③ 追肥之前拔掉杂草。苗高10cm左右时在植株间追施氮肥或鸡粪。

3 采收

① 可根据食用要求随时采收。

② 采收时应遵循"采大留小"的原则。

花菜

十字花科芸薹属

花菜即菜花，又称花椰菜。花菜是抗癌食谱中非常重要的一员。花菜中的萝卜子素可以激活分解致癌物的酶，从而减少恶性肿瘤的发生。食用花菜有助于降低罹患心脏病与中风的危险。

■主要营养成分：维生素C、B族维生素、萝卜子素、类黄酮

■功效：防癌抗癌、净化血管、护肝解毒、提高免疫力

■栽培要点

① 喜冷凉，不耐旱、不耐寒。

② 对环境要求严格，栽培难度较大。

③ 将叶子剪下盖在花蕾上遮阳可以防止花菜变黄。

1 播种

① 在育苗盆中加入培养土后挖穴，每穴1粒种子。

② 在种子上盖一层薄土，轻轻压实后浇足量的水。

2 定植

① 长出4~6片真叶之后即可移栽。

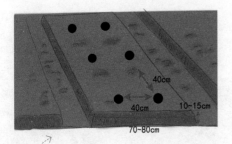

40cm

40cm   10~15cm

70~80cm

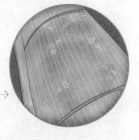

② 去盆，连土带苗移栽到地里，株距40cm。

③ 定植之后在畦上盖冷布以防止虫害。

3 追肥

① 定植两周后，掀开冷布的一边，在植株周围追施氮肥或鸡粪，每平方米一把。

② 第一次追肥十天之后撤掉冷布，再追肥一次，配合培土翻入土中。

4 整枝

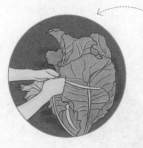

① 结出花蕾以后用绳子将外围的叶子向内收拢后扎紧，以保护花蕾不被阳光直射。

② 也可以将外围的叶子剪下盖在花蕾上。

5 采收

① 花球长到直径15cm左右时即可采收。

② 采收时用刀切下整个花球。

卷心菜

十字花科芸薹属

卷心菜又称圆白菜、包菜、结球甘蓝、莲花白，有补骨髓、润脏腑、益心力、壮筋骨、祛气结、清热止痛、增强食欲、促进消化、预防便秘的功效。

■主要营养成分：膳食纤维、β-胡萝卜素、维生素C

■功效：防癌抗癌、净化血管、护肝解毒、提高免疫力

■栽培要点

① 栽培期较长，难度一般。

② 耐寒不耐热，适合夏秋季栽种。

③ 为防止青虫侵害，可在定植后盖上冷布。

1 播种

1

在育苗盆中加入培养土后挖穴，每穴1粒种子。

2

在种子上盖一层薄土，轻轻压实后浇足量的水。

2 定植

① 长出4~6片真叶之后即可移栽。

② 去盆，连土带苗移栽到地里。

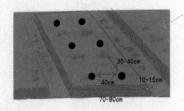

③ 株距30~40cm，定植之后在畦上盖冷布以防止虫害。

3 中耕·追肥

① 定植2周后进行中耕。

② 中耕之后追施化肥或鸡粪。之后若生长迟缓可视情况再追施适量肥料。

4 采收

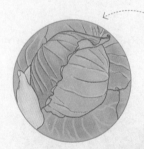

① 叶球形成后即可采收。

② 采收时用刀将叶球整个切下，外叶留在地里。

红凤菜

菊科菊三七属

中国传统的山野菜，别名红菜、补血菜、木耳菜、血皮菜等。其全草全年可采，鲜用或晒干食用。红凤菜含丰富的营养，具有清热、消肿、止血、生血的功效，是得天独厚的绿色食品和营养保健品。

■主要营养成分：维生素C、钙、磷、钾、镁

■功效：清热凉血、止血生血

■栽培要点

① 不挑土质，适应性较强，栽培难度较低。

② 采种难，直接购买种株栽培。

1 定植

①

选择茎秆健壮且无病虫害植株做种株。

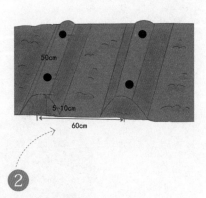

②

在施好基肥的田畦里挖穴，每穴1株，株距50cm左右。

2 追肥

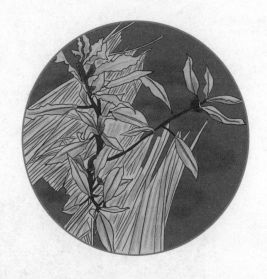

①

苗高20cm左右时
追施氮肥或鸡粪，
每平方米一把。

②

采收3天后追施稀
释的尿素。

3 采收

①

嫩茎长至15~20cm
长时即可采收，一
般夏秋季每隔两周
可采收一次。

②

采收时用剪刀剪断
嫩茎即可。

空心菜

旋花科番薯属

空心菜原名蕹菜，又名藤藤菜、蕹菜、通心菜、无心菜、空筒菜、竹叶菜，开白色喇叭状花，其梗中心是空的，故称"空心菜"。中国南方农村普遍栽培做蔬菜。

■主要营养成分：蛋白质、脂肪、糖类、无机盐、β-胡萝卜素、膳食纤维和B族维生素、维生素C

■功效：通便解毒、清热凉血、防热解暑

■栽培要点

①不易发生病虫害，栽培难度低。

②从夏季到秋季皆可分批采收，采收期长。

1 播种

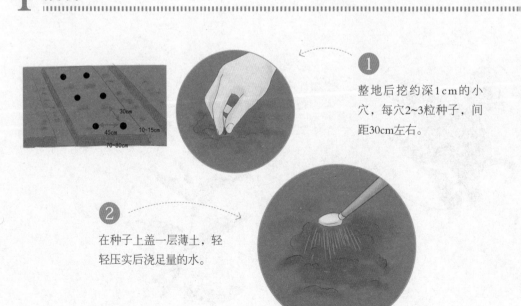

1

整地后挖约深1cm的小穴，每穴2~3粒种子，间距30cm左右。

2

在种子上盖一层薄土，轻轻压实后浇足量的水。

2 除草·施肥

①

除草适合在雨后进行，除草后用锄头将植株周围的土挖松。

②

苗高15cm左右时可施少量氮肥或鸡粪。之后视生长情况适度追肥，若生长顺利也可不追肥。

3 采收

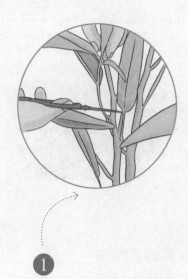

①

苗高50cm左右时即可采收。

②

采收顶部15~20cm的嫩茎食用。

红菜薹

十字花科芸薹属

红菜薹，又名芸菜薹、紫菜薹。色紫红、花金黄，是湖北地区的特产。据史籍记载，红菜薹在唐代是著名的蔬菜，历来是湖北地方向皇帝进贡的土特产，曾被封为"金殿玉菜"。

■主要营养成分：钙、磷、铁、β-胡萝卜素、维生素C

■功效：活血散瘀、利肠道、止血

■栽培要点

① 秋季播种，在进入冬天之前育好苗。

② 12月以后盖上冷布防寒。

1 播种

①

在育苗盆中加入培养土后挖穴，每穴1~2粒种子。

②

在种子上盖一层薄土，轻轻压实后浇足量的水。

2 定植·追肥

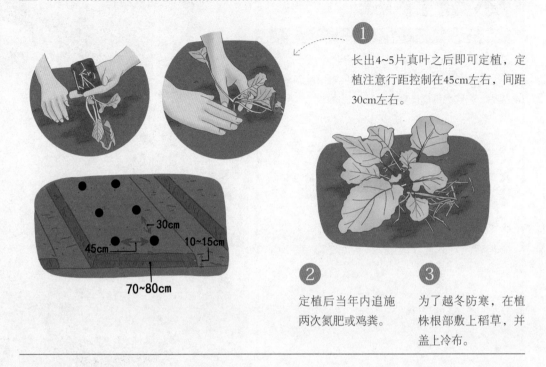

① 长出4~5片真叶之后即可定植，定植注意行距控制在45cm左右，间距30cm左右。

← 30cm

45cm → ← → 10~15cm

70~80cm

② 定植后当年内追施两次氮肥或鸡粪。

③ 为了越冬防寒，在植株根部敷上稻草，并盖上冷布。

3 采收

① 翌年春季即可采收嫩茎。

② 采收长度20cm左右的嫩茎。

球茎甘蓝

十字花科芸薹属

球茎甘蓝按球茎皮色分绿、绿白、紫色三个类型；按生长期长短可分为早熟、中熟和晚熟三个类型。早熟品种植株矮小，叶片少而小。

■主要营养成分：维生素C、维生素B$_1$、钼

■功效：宽肠通便、防治便秘、排除毒素

■栽培要点

①对土壤要求不严格，栽培难度低。

②喜温、喜湿，要求充足的光照，适宜夏季播种。

1 播种

①

在育苗盆中加入培养土后挖穴，每穴1~2粒种子。

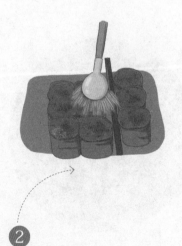

②

在种子上盖一层薄土，轻轻压实后浇足量的水。

2 定植

1 长出4~6片真叶之后即可移栽。

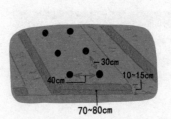

2 去盆，连土带苗移栽到地里，株距30cm左右。

～30cm
40cm
10~15cm
70~80cm

3 定植之后在畦上盖冷布以防止虫害。

3 追肥·中耕

1 定植两周后在垄间撒氮肥或鸡粪，同时进行中耕。

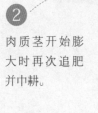

2 肉质茎开始膨大时再次追肥并中耕。

4 采收

1 肉质茎长到直径5~7cm即可采收。

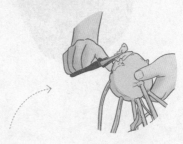

2 用剪刀自肉质茎根部剪断。

紫苏

唇形科紫苏属

紫苏别名桂荏、白苏、赤苏等，为唇形科一年生草本植物，具有特异的芳香。紫苏叶片多皱缩卷曲，完整者展平后呈卵圆形；嫩枝紫绿色，断面中部有髓，气清香，味微辛。

■主要营养成分：紫苏醇、β-胡萝卜素、维生素C

■功效：行气宽中、清痰利肺、下气消痰

■栽培要点

① 不挑土质，适应性很强，栽培难度低。

② 喜湿，可种在背阴处。

③ 不耐霜冻，注意在霜降之前采收。

1 播种

①

在育苗盆中加入培养土后挖穴，每穴2~3粒种子。

②

在种子上盖一层极薄的土，浇足量的水。

2 定植

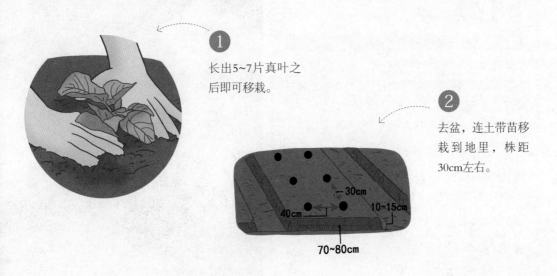

① 长出5~7片真叶之后即可移栽。

② 去盆，连土带苗移栽到地里，株距30cm左右。

—30cm
40cm
10~15cm
70~80cm

3 追肥

① 6月~10月每个月追肥一次。

② 在植株之间撒上化肥，每平方米一把，与土混合好后盖在植株根部。

4 采收

① 主茎长出10片以上的叶片之后可采收下部的老叶。

② 苗高30cm左右时也可采收刚刚长出的嫩叶。

茼蒿

菊科茼蒿属

在中国古代，茼蒿为宫廷佳肴，所以又叫皇帝菜。茼蒿有蒿之清气、菊之甘香。据中国古药书记载：茼蒿性平味甘、辛，无毒，有安心气、养脾胃、消痰饮、利肠胃之功效。

■**主要营养成分**：β-胡萝卜素、食物纤维、维生素C、多种氨基酸、钠、钾

■**功效**：平补肝肾、宽中理气、消食开胃

■**栽培要点**

①栽培期短，栽培难度低。

②喜冷凉，对光照要求不高，适宜种在阴凉处。

1 播种

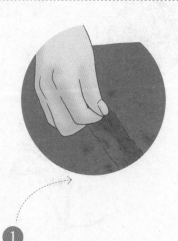

① 整地，每隔约15cm挖一条浅沟，在浅沟中均匀撒入种子。

② 播种后盖一层土，轻轻压实后浇足量的水。

2 间苗

1 长出2~3片真叶后间苗一次，保持3~5cm的株距。

 苗高4~5cm时再间苗一次，株距10~15cm。

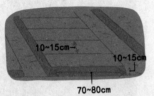

10~15cm

10~15cm

70~80cm

3 追肥

1 苗高4~5cm时追施适量化肥或鸡粪。

2 之后每两周追肥一次。

4 采收

1 苗高15~20cm时即可采收。

2 秋季采收时留一节在土里，发出新叶后可二次采收。

3 茼蒿的花类似菊花，非常漂亮，开花后可做观赏植物。

牛皮菜

藜科甜菜属

牛皮菜以叶柄、叶片为食用部分，具有纤维少、味道好、色泽美观的特点，还具有良好观赏价值。根据叶片、叶柄特征，牛皮菜可分为青梗种、白梗种和皱叶种三种类型。

■主要营养成分：蛋白质、糖类、粗纤维、钙、磷、铁、β-胡萝卜素、烟酸、维生素C

■功效：清火、祛风、杀虫、解毒、通淋治痢、止带调经

■栽培要点

①栽培期短，适应性强，栽培难度低。

②不喜酸性土壤，施基肥时可在土中撒适量石灰。

1 播种

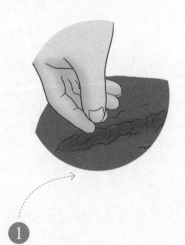

 ①

整地，每隔约15cm挖一条浅沟，在浅沟中均匀撒入种子。

②

播种后盖一层土，轻轻压实后浇足量的水。

2 间苗

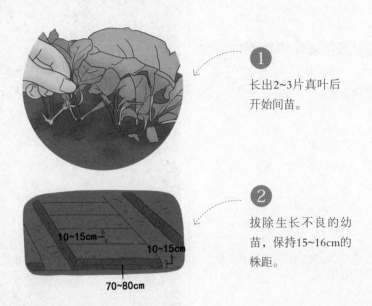

1 长出2~3片真叶后开始间苗。

2 拔除生长不良的幼苗，保持15~16cm的株距。

10~15cm

10~15cm

70~80cm

3 追肥

1 生长良好的情况下不需要追肥。

2 若生长缓慢，可追施适量化肥。

4 采收

1 长到15~20cm时即可采收。

2 采收时整株拔出即可。

芥蓝

十字花科芸薹属

芥蓝又名白花芥蓝、绿叶甘蓝、芥兰、芥蓝菜、盖菜，为十字花科芸薹属一年生草本植物，栽培历史悠久，是中国的特产蔬菜之一。

■主要营养成分：维生素C、钙、镁、磷、钾、膳食纤维、糖类

■功效：利水化痰、清心明目、增进食欲

■栽培要点

① 喜温耐热，昼夜温差较大的环境下生长更快，品质也更好。

② 为了防止青虫侵害，可在定植后盖上冷布。

1 播种

① 在育苗盆中加入培养土后挖穴，每穴2粒种子。

② 在种子上盖一层极薄的土，浇足量的水。

2 定植

① 长出6~7片真叶之后即可移栽。

 ② 去盆，连土带苗移栽到地里，株距40~50cm。

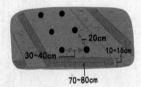

20cm
30~40cm   10~15cm
70~80cm

3 追肥

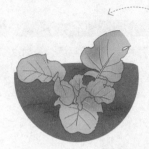

① 定植10天左右在植株间追施少量的氮肥或鸡粪。

② 抽薹时追施适量的化肥或有机肥料。主苔采收后再追肥2~3次，促发侧苔。

4 采收

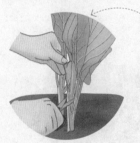

① 当主花薹长到与叶片差不多高时即可采收。

② 侧菜薹长到15~20cm左右时采收。采收时斜切下菜薹即可，植株根基部留在土中。

芹菜

伞形科芹属

芹菜有水芹、旱芹两种，功能相近，药用以旱芹为佳。旱芹香气较浓，又名"香芹"。

■**主要营养成分**：蛋白质、甘露醇、膳食纤维、维生素C、芦丁、钙、铁、磷

■**功效**：清热除烦、平肝、利水消肿、凉血止血

■**栽培要点**

①喜冷凉，不耐高温，生长最适温度为15~20℃。

②易受气温影响，栽培难度较大。

1 播种

①

在育苗盆中加入培养土后挖穴，每穴2~3粒种子。

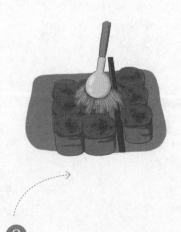

②

在种子上盖一层极薄的土，浇足量的水。将育苗盆放在阴凉通风处。

2 定植·追肥

① 长出7~8片真叶之
后即可移栽。

② 去盆，连土带苗移栽到
地里，株距约30cm。

③ 定植后每月追施
化肥或液体肥料
1~2次。

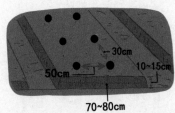

←30cm

50cm

10~15cm

70~80cm

3 采收

① 定植大约4个月之
后，用刀切下整株
或整株拔出，去除
根部和残叶。

② 注意要在花薹长出
前采收。

乌塌菜

十字花科芸薹属

乌塌菜为安徽著名特产，是白菜的一个变种，叶色浓绿、肥嫩，因塌地生长而得名。植株暗绿，叶柄短而扁平，叶片肥厚而有泡皱和刺毛；香味浓厚，霜降雪盖后，柔软多汁，糖分增多，品质尤佳，故有"雪下塌菜赛羊肉"的农谚。

■主要营养成分：膳食纤维、钙、铁、维生素C、维生素B_1、维生素B_2、β-胡萝卜素

■功效：增强人体抗病能力、美容养颜

■栽培要点

① 耐寒性强，耐热，栽培难度低。

② 经霜雪之后味道更为鲜美，适合秋季播种。

1 播种

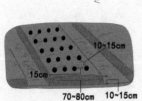

1 整地，每隔约15cm挖一条浅沟，在浅沟中挖小穴，穴距15cm。

3 播种后盖一层土，轻轻压实后浇足量的水。

2 在小穴中放入种子，每穴2~3粒。

2 间苗·追肥

1 长出5~6片真叶后开始间苗。

2 剪掉生长不良的幼苗，保持10~15cm的株距。定植10天以后追施氮肥或鸡粪，每平方米一把。

3 采收

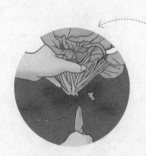

1 长到直径约为25cm时即可采收。

2 既可整株采收，亦可从外围向内逐次采收叶片。经霜雪的乌塌菜更美味，可适当延迟采收。

大芥菜

十字花科芸薹属

一年生草本，高30~150cm，常无毛，有时幼茎及叶具刺毛，带粉霜，有辣味；茎直立，有分枝。

■主要营养成分：蛋白质、粗纤维、糖类、β-胡萝卜素、维生素、钾、钙、铁、锌

■功效：健脾利水、止血解毒、降压明目、预防冻伤

■栽培要点

为了防止青虫侵害，播种后盖上冷布。

1 播种

① 整地挖宽度约为10cm的浅沟，在浅沟中点播种子，间隔2cm。

5~10cm
60cm

② 播种后盖一层土后再撒一层薄堆肥，播种后盖上冷布。

2 间苗·追肥

① 长出2~3片真叶后开始间苗，株距10cm左右。

② 视生长情况再间苗一次，保持35cm左右的最终株距。

③ 播种2~3周后追施氮肥或鸡粪。

3 采收

① 进入12月即可采收。

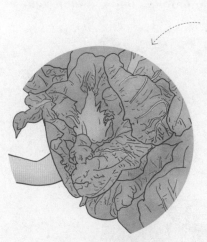

② 既可整株拔出，亦可从外围向内逐次采收叶片。

上海青

十字花科芸薹属

上海青又叫上海白菜、苏州青、青江菜、青姜菜、小棠菜、青梗。上海青可以保持血管弹性，提供人体所需矿物质、维生素，其中的维生素B$_2$尤为丰富，有抑制溃疡的作用，经常食用对皮肤和眼睛的保养有很好的效果。

■**主要营养成分**：蛋白质、糖类、钙、磷、铁、B族维生素、维生素C、烟酸、β-胡萝卜素

■**功效**：活血化瘀、消肿解毒、润肠通便、美容养颜、强身健体

■**栽培要点**

① 不挑土质，栽培难度低。

② 喜冷凉，生长最适宜温度为18~20℃。

1 播种

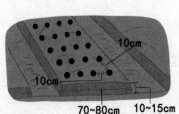

①

整地，每隔10cm左右挖一条浅沟，在浅沟中每隔10cm挖一个约1cm深的小穴。

②

每穴播种3~4粒，覆土轻轻压实后浇足量的水。

2 间苗·追肥

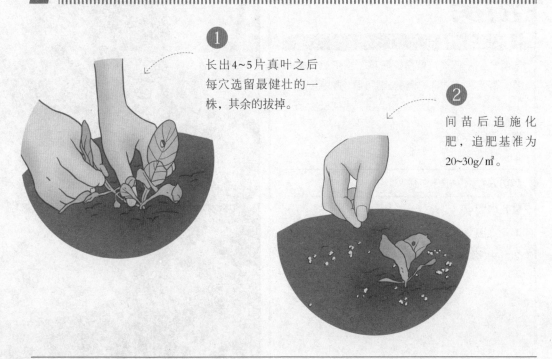

① 长出4~5片真叶之后每穴选留最健壮的一株，其余的拔掉。

② 间苗后追施化肥，追肥基准为20~30g/㎡。

3 采收

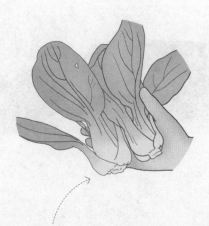

① 苗高超过20cm时即可采收。

② 过大的上海青叶片老化、口感变差，注意及时采收。

落葵

落葵科落葵属

落葵，别名蔠葵、蘩露、藤菜、胭脂豆、木耳菜、潺菜、豆腐菜、紫葵、胭脂菜、蓠芭菜。

■**主要营养成分**：蛋白质、钙、铁、磷、粉多糖、β-胡萝卜素

■**功效**：滑中散热、利大小肠

■**栽培要点**

①耐高温高湿，喜光照。

②病虫害发生率低，不喜肥料，栽培难度低。

1 播种

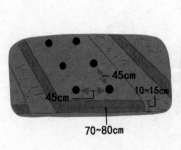

① 整地后每隔45cm挖一个约1cm深的小穴。

② 每穴播种3~4粒，覆土轻轻压实后浇足量的水。

2 搭架·追肥

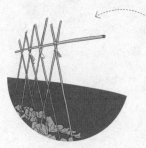

① 在植株两侧斜立2 m左右高的支柱，使支柱上方交叉，交叉处用绳子系紧。

② 用"8字结"将主茎绑在支柱上，注意不要绑太紧，以免损伤茎秆。

③ 生长顺利的情况下不需要追肥，生长缓慢的情况下可视情况施适量复合肥。

3 采收

苗高50~60cm时即可采收顶部15~20cm长的嫩茎。

韭菜

百合科葱属

韭菜又叫起阳草，味道非常鲜美，还有独特的辛香味。韭菜的独特辛香味是其所含的硫化物形成的，这些硫化物有一定的杀菌消炎作用，有助于人体提高自身免疫力。

■**主要营养成分**：钙、蛋白质、维生素B₂、镁、烟酸、铁、糖类、维生素C、锰、膳食纤维、维生素E、锌、铜

■**功效**：温肾助阳、益脾健胃、行气理血

■**栽培要点**

① 耐热抗寒，适应性非常强，栽培难度低。

② 多年生宿根蔬菜，可长期收获。

1 播种

① 在育苗盘中加入培养土后挖穴，每穴4~5粒种子。

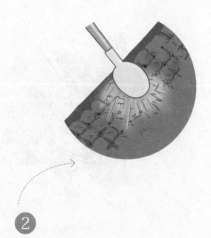

② 在种子上盖一层薄土，浇足量的水。

2 定植

① 苗高约为15cm时即可移栽。

② 连土带苗移栽到地里,株距10~15cm。移栽后浇适量水。

10~15cm

70~80cm

3 追肥·采收

① 播种当年最好不要采收,也不要追肥。

② 从第二年4月中旬开始,每次采收之后追施适量氮肥或鸡粪。

③ 采收时从根部3~4cm处剪断。

4 培育韭黄

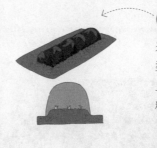

① 采收之后搭隧道型支架,在支架上盖三层黑色塑料薄膜遮光。

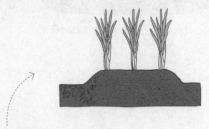

② 10天左右即可采收韭黄。

苋菜

苋科苋属

苋菜别名雁来红、老少年、老来少、三色苋。苋菜叶富含易被人体吸收的钙质，对牙齿和骨骼的生长可起到促进作用，并能维持正常的心肌活动，防止肌内痉挛；同时含有丰富的铁、钙和维生素K，可以促进凝血。

■主要营养成分：蛋白质、糖类、粗纤维、β-胡萝卜素、烟酸、维生素C、钙、磷、铁、钾、钠、镁

■功效：清热利湿、凉血止血、止痢

■栽培要点

① 耐热性较好，栽培难度低。

② 喜温暖，适宜在温暖季节播种。

1 播种

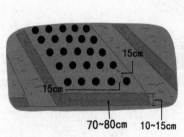

15cm

15cm

70~80cm   10~15cm

① 整地后每隔15cm左右挖约1cm深的小穴。

② 每穴播种3~4粒，覆土轻轻压实后浇足量的水。

2 定植

① 整地施好基肥后，挖深约15cm的沟。

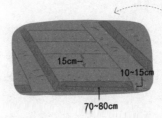

15cm→
10~15cm
70~80cm

② 选取茎秆如铅笔般粗细的葱苗移栽到穴中，每穴1株，株距10~15cm。

③ 覆土压实后在植株间撒一层腐叶土。

3 追肥·培土

① 定植1个月后追施氮肥一次，配合培土翻入土中。

② 培土时将植株两侧的土堆高，但注意不要盖住苗心。

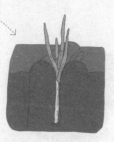

4 采收

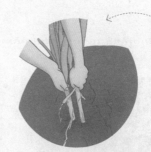

① 12月上旬开始可采收。

② 在葱抽薹开花之前采收。

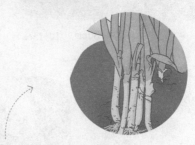

雪里蕻

十字花科芸薹属

将芥叶连茎腌制，俗称辣菜。叶子深裂，边缘皱缩，花鲜黄色，茎和叶子是普通蔬菜，通常腌着吃。雪里蕻有解毒之功，能抗感染和预防疾病的发生，抑制细菌毒素的毒性，促进伤口愈合，可用来辅助治疗感染性疾病。

■主要营养成分：B族维生素、维生素C、维生素D、纤维素、糖类、β-胡萝卜素、钾、钙

■功效：解毒消肿、开胃消食、温中理气

■栽培要点

① 抗寒耐热也耐旱，栽培难度低。

② 老化后口感较差，注意及时采收。

1 播种

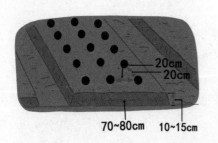

20cm
20cm
70~80cm   10~15cm

①

整地，每隔20cm左右挖一条深约1cm的浅沟，在浅沟中每隔20cm挖一个深1cm左右的小穴。

②

每穴播种3~4粒，覆土轻轻压实后浇足量的水。

2 间苗·追肥

① 长出4~5片真叶之后每穴选留最健壮的两株，其余的拔掉。

② 间苗后追施化肥，追肥基准为20~30g/㎡。

3 采收

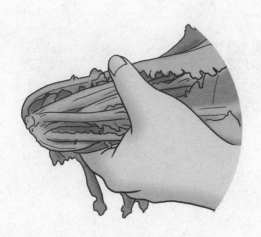

① 苗高25cm左右时即可采收。

② 植株长得过大口感变差，注意及时采收。

白菜

十字花科芸薹属

白菜包括小白菜和由甘蓝的栽培变种结球甘蓝，即"圆白菜"或"洋白菜"。白菜含有丰富的粗纤维，不但可以起到润肠的作用，还有促进排毒的作用，可以刺激肠胃蠕动，促进大便的排出，改善消化不好的症状。

■**主要营养成分**：蛋白质、脂肪、多种维生素、粗纤维、钙、磷、铁、锌

■**功效**：通利肠胃、清热解毒、止咳化痰、利尿养胃

■**栽培要点**

①播种的时间不能太早也不能太晚，栽培难度一般。

②不宜与十字花科蔬菜连作。

1 播种

① 在育苗盆中加入培养土后挖穴，每穴1粒种子。

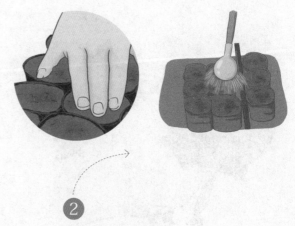

② 在种子上盖一层薄土，浇足量的水。

2 间苗·定植

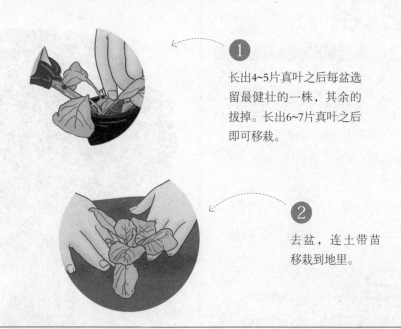

1

长出4~5片真叶之后每盆选留最健壮的一株，其余的拔掉。长出6~7片真叶之后即可移栽。

2

去盆，连土带苗移栽到地里。

3 追肥

1

长出7~8片真叶时追施化肥，追肥基准为20~30g/㎡。

2

第一次追肥两周后再追肥一次，追肥基准为30~50g/㎡。

4 采收

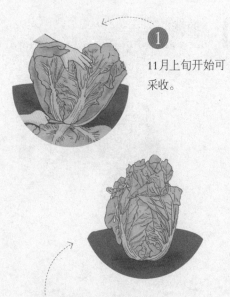

1

11月上旬开始可采收。

2

采收时贴着根部整个切下或整株拔出即可。

西兰花

十字花科芸薹属

西兰花又名花菜、花椰菜、甘蓝花、洋花菜、球花甘蓝，有白、绿两种，绿色的叫西兰花、青花菜。白花菜和绿花菜的营养、作用基本相同，绿花菜比白花菜的β-胡萝卜素含量要高些。

■主要营养成分：蛋白质、糖类、脂肪、钙、磷、铁、胡萝卜素、维生素C

■功效：增强机体免疫力、保护视力、提高记忆力、清热解渴

■栽培要点

①栽培期较长，栽培难度一般。

②耐寒和耐热性好，但不耐涝，注意排水。

③不宜与十字花科蔬菜连作。

1 播种

在育苗盆中加入培养土后挖穴，每穴1粒种子。

在种子上盖一层薄土，浇足量的水。

2 定植

① 长出6~7片真叶之后即可移栽。

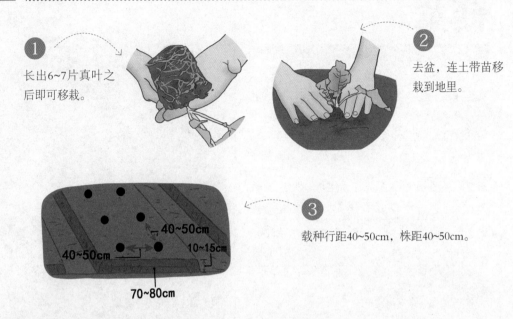

② 去盆，连土带苗移栽到地里。

③ 载种行距40~50cm，株距40~50cm。

40~50cm
40~50cm   10~15cm
70~80cm

3 追肥

① 定植3周后追施化肥，追肥基准为20~30g/㎡。

② 第一次追肥3周后再追肥一次，追肥基准为30~50g/㎡。

4 采收

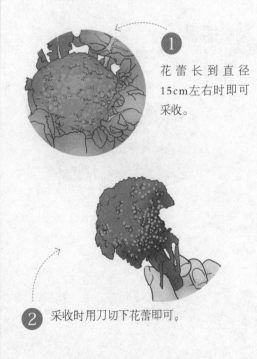

① 花蕾长到直径15cm左右时即可采收。

② 采收时用刀切下花蕾即可。

菠菜

藜科菠菜属

菠菜又名波斯菜、赤根菜等。菠菜含有大量的植物粗纤维，具有促进肠道蠕动的作用，利于排便，且能促进胰腺分泌，帮助消化，对于痔疮、慢性胰腺炎、便秘、肛裂等病症有治疗作用。

■主要营养成分：蛋白质、脂肪、糖类、维生素、铁、钾、β-胡萝卜素、草酸、磷脂

■功效：促进生长发育、增强抗病能力、促进人体新陈代谢、延缓衰老

■栽培要点

①适应性强，栽培难度低。

②耐寒不耐热，适宜春秋季栽种。

③不喜酸性土壤，整地时可撒适量石灰。

1 播种

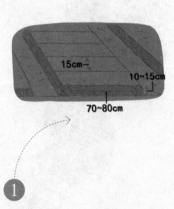

① 整地，每隔15cm左右挖一条深约1cm的浅沟。

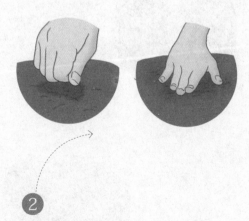

② 在浅沟中均匀地撒上种子，覆土轻轻压实后浇足量的水。

2 间苗·追肥

① 苗高20~30cm时可采收,采收时整株拔出。

② 经霜雪的菠菜肉质肥厚,味道更鲜美,更有营养。

③ 第二次间苗以后追施氮肥或鸡粪,每平方米一把。生长旺盛期视情况追施尿素2~3次。

3 采收

① 长出1~2片叶子以后间苗一次,株距2~3cm。

② 苗高7~8cm时再间苗一次,株距8~10cm。

野姜

姜科姜属

以刚出土的紫色或粉红色幼嫩芽苞供食用，其花苞非常美观，红红的如小竹笋。野姜花苞，可直接切丝炒食，或与辣椒共泡于酸菜坛中制成泡菜。

■ 主要营养成分：蛋白质、纤维、β-胡萝卜素、维生素C

■ 功效：活血调经、镇咳祛痰、消肿解毒、消积健胃

■ 栽培要点

① 喜阴，不耐高温，适宜种在阴凉湿润地块。

② 栽培期较长，栽培难度一般。

③ 多年生蔬菜，种下后可多年连续收获。

1 播种

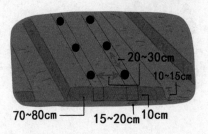

70~80cm　15~20cm　10cm
20~30cm
10~15cm

①

整地，每间隔20~30cm挖宽15~20cm、深10cm左右的沟。

130

② 2~3个苞芽为一蔸放入沟中，间距20~30cm。

③ 覆土将沟填满，浇足量的水。

2 追肥
||||||||||||||||||||||||||||||||||||||||||||||||||||||||||||

① 出苗之后施适量鸡粪等农家肥。

② 播种两个月左右再追肥一次。之后根据生长情况再追肥1~2次，每次间隔两周。

3 采收
||||||||||||||||||||||||||||||||||||||||||||||||||||||||||||

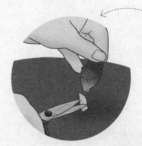

① 根部长出花蕾时即可采收，挖出花蕾供食用。

② 注意要在开花之前采收。

黄麻

椴树科黄麻属

韧皮纤维作物，一年生草本植物，喜温暖湿润的气候，短日照作物，别名火麻、绿麻、络麻、水络麻、野洋麻、圆果黄麻、圆蒴黄麻、苦麻叶、牛泥茨、三珠草、天紫苏、麻骨头等。嫩叶可食用。

■主要营养成分：蛋白质、β-胡萝卜素、维生素C

■功效：清热解暑、拔毒消肿

■栽培要点

① 喜温、喜湿，适宜种在向阳、排水良好的地块。

② 不易发生病虫害，栽培难度较低。

1 播种

1

在育苗盘中加入培养土后点播，每穴1~2粒种子。

2

覆土压实后浇足量的水。

2 定植

① 长出2~3片真叶之后即可移栽。

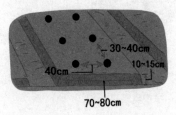

② 拔出苗，连苗带土移栽到地里。株行距40cm，间距30~40cm为宜。

3 追肥

定植20天后，每隔两周追施农家肥一次。

4 采收

① 苗高超过50cm时可采收嫩叶。

② 注意在开花之前采收完毕。

生菜

菊科莴苣属

叶用莴苣的俗称，又称鹅仔菜、唛仔菜、莴仔菜，叶长倒卵形，密集成甘蓝状叶球，可生食，脆嫩爽口，略甜。

■主要营养成分：钾、β-胡萝卜素、磷、钠、维生素

■功效：利五脏、通经脉、清胃热、清热利尿

■栽培要点

①喜凉，栽培初期耐寒性强，结球后易发生冻害。

②肥料不足不易结球，注意及时追肥。

1 播种

①

在育苗盆中加入培养土后，均匀撒上种子。

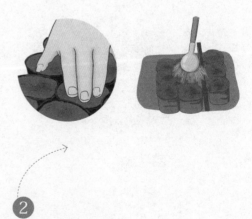

②

在种子上盖一层薄土后，浇足量的水。

2 定植

① 长出5~6片真叶之后即可移栽。

② 去盆，连土带苗移栽到地里。

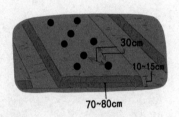

30cm
10~15cm
70~80cm

③ 不耐高温，应选在气温较低的傍晚进行移栽。为保证通风条件，株距保持在30cm左右。

3 追肥

① 定植2~3周后追施化肥，追肥基准为20~30g/㎡。

② 将化肥与土混合后盖到植株根部，压紧。

4 采收

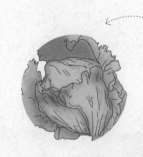

① 定植50~60天、结出壮实的圆球之后即可采收。

② 整株拔出后去掉根部和最下部一圈叶子。

油菜

十字花科芸薹属

油菜栽培历史十分悠久，中国和印度是世界上栽培油菜最古老的国家。全世界栽植油菜以印度最多，中国次之，加拿大位居第三位。中国油菜主产区分布在长江流域及以南地区，为两年生作物。它们在秋季播种育苗，次年5月收获。春播秋收的一年生油菜主要分布在新疆西南地区、甘肃、青海和内蒙古等地。

■主要营养成分：植物油脂和膳食纤维等

■功效：活血化瘀、降低血脂。

■栽培要点

①喜冷凉，比较抗寒，适宜在秋季播种。

②根系发达，适宜种在土层深厚、排水良好的地块。

1 播种

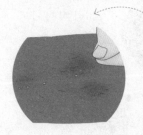

①
整地，用竹条等工具每间隔20cm压出深约0.5cm的浅沟。

②
在浅沟中均匀撒入种子，间距2~3cm。

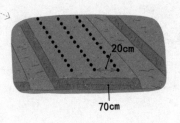

20cm

70cm

③
在种子上盖一层薄土后，盖上冷布。

2 间苗

苗高15~20cm时间苗，使株距保
持在15~20cm之间。

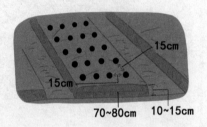

3 采收

①

主茎长出花蕾后即
可采收，注意只采
收顶端的嫩茎。

采收后可适量施
肥，以促发侧枝，
延长收获期。

香菜

伞形科刺芹属

香菜又称胡荽、香荽，性温味甘，能健胃消食、利尿通便、驱风解毒。

■主要营养成分：蛋白质、维生素C、钾、钙、挥发油、苹果酸钾、甘露醇、黄酮类、正癸醛、壬醛、芳樟醇

■功效：发汗透疹、消食下气、醒脾和中

■栽培要点

① 喜光、喜湿，适宜种在向阳、排水良好的地块。

② 发芽比较迟，但栽培难度比较低。

1 播种

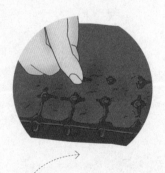

在育苗盘中加入培养土后挖穴，每穴2~3粒种子。

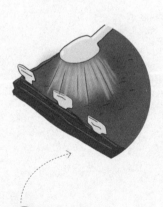

②

在种子上盖一层薄土，浇足量的水。

2 定植

① 长出5~6片真叶之后即可移栽，株距30cm。

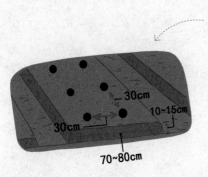

② 去盆，连土带苗移栽到地里后浇足量的水。较冷地区应盖膜或稻秆保温。

3 追肥

定植1个月以后追施少量鸡粪。

4 采收

① 苗高20cm以上时即可采收嫩叶。

② 也可整株采收。

百里香

唇形科百里香属

百里香别名地花椒、山椒、山胡椒、地椒、麝香草。

■**主要营养成分**：糖类、蛋白质、维生素C、硒、铁、钙、锌。

■**功效**：温中散寒、祛风止痛、促进血液循环

■**栽培要点**

①对土壤要求不严，栽培难度低。

②喜温暖干燥环境，喜光，适宜种在向阳、排水条件好的地块。

1 播种

①

在育苗盆中加入培养土后挖穴，每穴2~3粒种子。

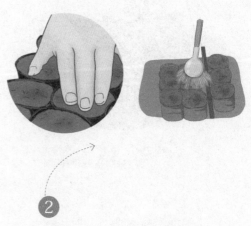

②

在种子上盖一层薄土，浇足量的水。

140

2 定植

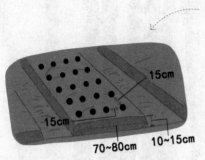

① 苗高4~5cm即可移栽，株距15cm。

15cm

15cm

70~80cm   10~15cm

② 去盆，连土带苗移栽到地里后浇足量的水。

3 追肥

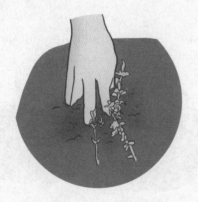

定植两周以后追施少量鸡粪。

4 采收

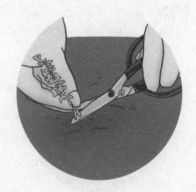

① 苗高20cm以上时即可采收嫩叶。

② 多年生草本，可越冬，第二年春季开始可继续采收。

芦笋

百合科天门冬属

芦笋又名"荻笋""南荻笋"。芦笋富含多种氨基酸和维生素，其含量均高于一般水果和蔬菜。

■**主要营养成分**：氨基酸、脂肪、糖类、粗纤维、维生素C、维生素B$_1$

■**功效**：增进食欲、帮助消化、清凉降火

■**栽培要点**

① 栽培期长，栽培难度一般。

② 种下后第三年开始采收，可连续收获十年左右。

③ 收获期很长，整地时要施足量的基肥。

1 播种

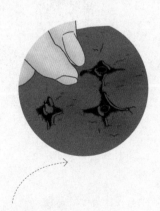

① 在育苗盘中加入培养土后挖穴，每穴2~3粒种子。

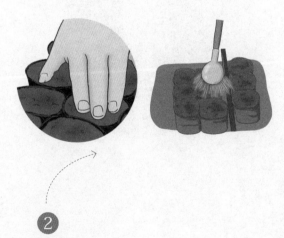

② 在种子上盖一层薄土，浇足量的水。

2 定植

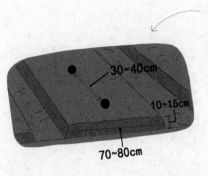

① 长出3~4片真叶后即可移栽，株距30~40cm。

30~40cm

10~15cm

70~80cm

② 去盆，连土带苗移栽到地里后浇适量水。

3 搭架·追肥

① 为了防止倒伏，在植株四角立柱并在植株中上部位置围一圈细绳。

② 每个月配合培土施肥一次。当茎叶开始枯萎时将茎叶剪掉。

4 采收

① 从第三年春天开始可采收。

② 采收时剪下顶部的嫩茎，若产量减少，采收时留10~15cm在地里以储存养分。

茴香

伞形科茴香属

别名茴香子、小茴、茴香、怀香、香丝菜、小茴香。大、小茴香都是常用的调料，是烧鱼炖肉、制作卤制食品时的必用之品。因它们能除肉中臭气，使之重新添香，故称"茴香"。

■**主要营养成分**：蛋白质、脂肪、膳食纤维、小茴香酮、茴香醛

■**功效**：理气开胃、促进消化液分泌、增加胃肠蠕动

■**栽培要点**

① 喜温暖，适宜种在排水良好的砂质土壤中。

② 适应性较强，栽培难度低。

1 播种

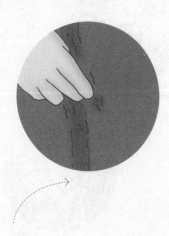

①

整地作浅沟，在沟中均匀撒入种子。

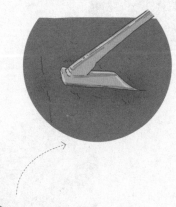

②

盖上一层薄土，轻轻压实。

2 间苗·追肥

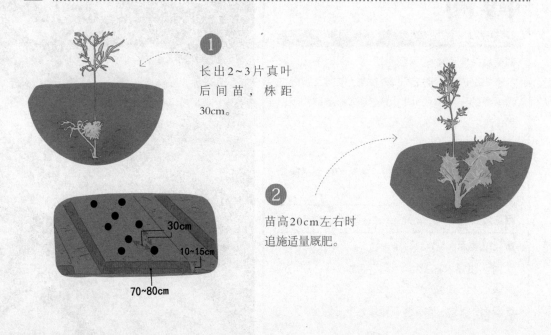

① 长出2~3片真叶后间苗，株距30cm。

② 苗高20cm左右时追施适量厩肥。

30cm

10~15cm

70~80cm

3 采收

① 春播茴香5月中、下旬可采收；秋播茴香9月采收。

② 可采收嫩叶，也可整株采收。

薄荷

唇形科薄荷属

薄荷具有刺激中枢神经的功效，作用于皮肤有灼感和冷感，同时它对感觉神经末梢又有抑制和麻痹的作用，因此，可用作抗刺激剂和皮肤兴奋剂。

■主要营养成分：挥发油、薄荷醇、薄荷酮、薄荷酯类

■功效：疏散风热、清利头目、消炎止痛

■栽培要点

①对土质要求不严格，适应能力较强，栽培难度低。

②喜温、喜湿，耐寒性和耐旱性都较好。

1 播种

1

在育苗盘中加入培养土后挖穴，每穴2~3粒种子。

2

在种子上盖一层薄土，浇足量的水。

2 定植·追肥

1 长出3~4片真叶后即可移栽，株距15cm。

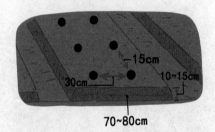

2 连土带苗移栽到地里后浇适量水。视生长情况追肥。

—15cm
30cm
10~15cm
70~80cm

3 采收

1 主茎长到20cm左右高时可采收嫩叶。

2 多年生草本，可连续采收2~3年，四季皆可采收。

菊蓟

菊科菜蓟属

菊蓟主要食用部分为花苞的肥嫩苞片及肉质花托，营养价值亦属上乘，也称朝鲜蓟。

■主要营养成分：菜蓟素、天门冬酰胺以及黄酮类化合物。

■功效：利胆、保护肝脏、抗脂肪肝。

■栽培要点

①不耐涝，适宜种在排灌条件良好的地块。

②多年生草本，栽种一次可连续收获4~6年。

③开花后可作为一种观赏花卉欣赏。

1 播种

①

在育苗盆中加入培养土后挖穴，每穴1粒种子。

②

在种子上盖一层薄土，浇适量水。

2 定植·追肥

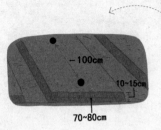

① 长出4~5片真叶后即可移栽，由于植株较大，因此留1m的株距。

~100cm
10~15cm
70~80cm

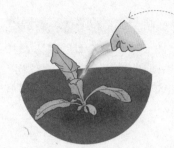

② 去盆，连土带苗移栽到地里后浇足量的水。

③ 生长顺利的情况下不需要追肥；若生长缓慢可适量追施人粪尿或化肥。

3 采收

① 现蕾后在开花之前采收花蕾。

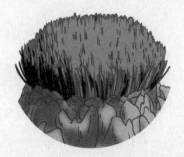

② 也可不采收，作为观赏花卉欣赏也是不错的选择。

菊苣

菊科菊苣属

菊苣能合成矿物质，有利尿、健胃、滋补、增加食欲、清洁肠胃和助消化的功效。用菊苣根做的咖啡有放松身心的功效。此外，菊苣对湿热黄疸有很好的疗效。

■主要营养成分：B族维生素、β-胡萝卜素、维生素A、维生素C、锌、铁、铜、钙

■功效：清肝利胆、健胃消食、利尿消肿

■栽培要点

①采用软化栽培，栽培难度大。

②喜湿、耐寒，适宜种植在肥沃疏松的砂质土壤中。

1 播种

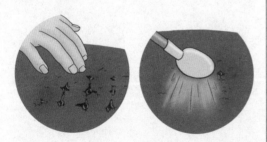

① 在育苗盘中加入培养土后挖穴，每穴1粒种子。

② 在种子上盖一层薄土，浇足量的水。

2 定植

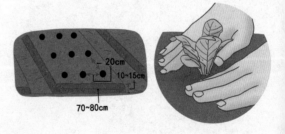

① 长出5~7片真叶后即可移栽，株距20cm。

② 去盆，连土带苗移栽到地里后浇适量水。

3 搭架·施肥

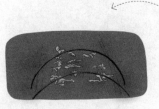

① 定植后在植株两侧每间隔1m立拱形支柱，在支柱上盖上冷布。

② 定植后追施化肥一次，每株3~5g。

③ 将挖出的菊苣移植到穴中，植株高度低于地面10~15cm。

④ 移植后铺一层稻壳，没过植株，盖上保温地膜并用土压住地膜边缘。

4 移植

① 霜降过后，留5cm左右茎秆，5cm以上部分的叶子全部剪掉。

② 剪掉叶子后用铁锹将植株连根挖出。

5 采收

① 移植3~4周后即可采收。

② 拨开稻草，小心地将菊苣整株拔出后去掉根和残叶。

萝卜菜

十字花科萝卜属

萝卜菜含有大量纤维素、多种维生素、微量元素和双链核糖核酸。双链核糖核酸能诱导人体产生干扰素，增强人体免疫力。

■主要营养成分：膳食纤维、蛋白质、维生素A、β-胡萝卜素

■功效：助消化、健胃消食、增加食欲

■栽培要点

①栽培期短，管理简单，栽培难度低。

②可春播亦可秋播。

1 播种

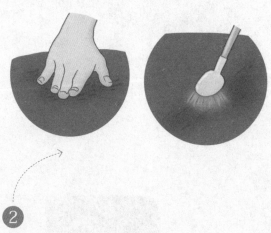

① 整地后每间隔15cm挖浅沟。

② 在浅沟中均匀撒入种子，盖一层薄土后浇足量的水。

2 间苗

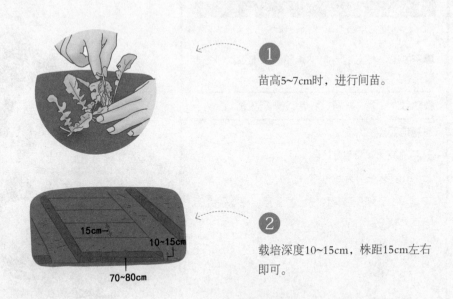

① 苗高5~7cm时，进行间苗。

② 载培深度10~15cm，株距15cm左右即可。

15cm
10~15cm
70~80cm

3 采收

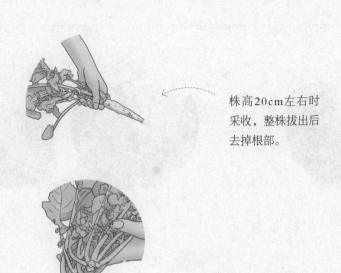

株高20cm左右时采收，整株拔出后去掉根部。

抱子甘蓝

十字花科芸薹属

抱子甘蓝别名芽甘蓝、子持甘蓝。

■**主要营养成分**：小叶球蛋白质、维生素C和微量元素硒

■**功效**：和胃、补肾、壮骨、健胃通络

■**栽培要点**

①喜冷凉，非常耐寒。

②栽培期较长，栽培难度一般。

③喜湿、喜肥，适宜种在土层深厚、保水保肥的砂质土壤中。

1 播种

 在育苗盆中加入培养土后挖穴，每穴1粒种子。

 在种子上盖一层薄土，浇足量的水。

2 定植

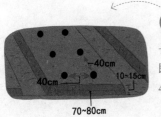

① 长出5~6片真叶后即可移栽，株距40cm。

② 去盆，连土带苗移栽到地里。

3 追肥

① 定植3周后追施化肥一次，每株10g左右。

② 第一次追肥两周后再追肥一次，追肥基准20~30g/㎡。

4 整枝

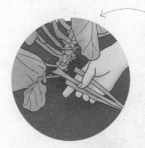

① 植株茎秆中部开始形成小叶球时，要摘去下部的老叶和黄叶。

② 下部芽球开始膨大时，需从叶柄基部将芽球旁边的叶片摘掉。

5 采收

① 当芽球长到直径2~3cm时即可采收。

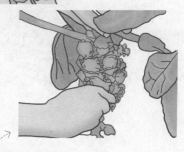

② 从下往上摘取芽球。

芝麻菜

十字花科芝麻菜属

芝麻菜又称臭菜、东北臭菜、芸薹、飘儿菜。在药膳中，芝麻菜是一种上佳的防病治病蔬菜，经常食用可防癌，也可促进细胞活性。

■主要营养成分：蛋白质、糖类、膳食纤维、钾、磷、钠

■功效：利尿、健胃、补肝益肾

■栽培要点

①生长较早，栽培难度低。

②耐寒不耐热，夏季注意遮阳。

③不耐涝，雨季注意及时排水。

1 播种

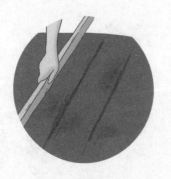

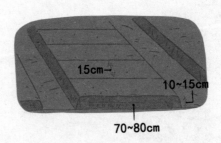

15cm→

10~15cm

70~80cm

整地后每间隔15cm挖浅沟。

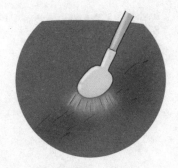

在浅沟中均匀撒入种子，盖一层薄土后浇足量的水。

2 间苗

长出4~5片真叶
时 间 苗 ， 株 距
4~5cm，间苗后
松土。

3 采收

株高15cm以上时
采收，整株拔出
后去掉根。

Chapter 04
食根类

　　可食用根类蔬菜，大多数为植物的营养储藏器，含大量淀粉等，可以为我们补充能量。

芜菁

十字花科芸薹属

芜菁别名蔓菁、诸葛菜、圆菜头、圆根、盘菜。起源中心在地中海沿岸及阿富汗、巴基斯坦、外高加索等地，块根熟食或用来泡酸菜。

■主要营养成分：β-胡萝卜素、叶酸、维生素C和钙

■功效：开胃下气、利湿解毒、温中益气

■栽培要点

①栽培期短，栽培难度低。

②喜凉，不耐热。

③不宜与十字花科植物连作。

1 播种

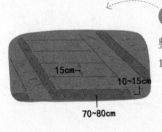

15cm→
10~15cm
70~80cm

① 整地作平畦后每间隔15cm挖浅沟。

② 在浅沟中均匀撒入种子，盖一层薄土后浇足量的水。

2 间苗

① 长出2~3片真叶后间苗并除草,株距3cm左右。

② 长出5~6片真叶之后再间苗一次,株距6~7cm。

③ 播种一个月之后再间苗一次,株距10~12cm。

3 追肥

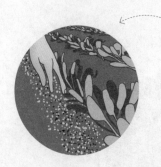

① 第二次、第三次间苗后各追施适量氮肥或者鸡粪。

② 将化肥与土混合后盖到植株根部,压紧。

4 采收

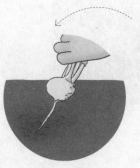

播种45~60天后,部分根茎露出地面可采收,手持根部整株拔出即可。

菊芋

菊科向日葵属

菊芋又名洋姜、鬼子姜，是一种多年宿根性草本植物。菊芋被联合国粮农组织官员称为"21世纪人畜共用作物"。

■主要营养成分：淀粉、菊糖等果糖多聚物

■功效：美容、开胃

■栽培要点

①耐瘠薄，不挑土壤，栽培难度低。

②耐寒抗旱，无病虫害。

③再生性极强，一次种植可永续繁衍。

1 播种

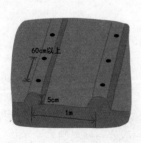

整地作平畦后每间隔1m挖深5cm
左右的沟。

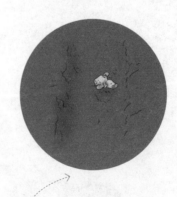

在沟中放入种芋，株距60cm，
盖一层土后压实。

2 培土·搭架

①

根据生长情况结合中耕进行培土，不需要追肥。

②

播种一个月以后搭四角形支架。

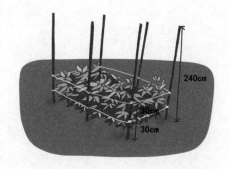

240cm

30cm

30cm

3 采收

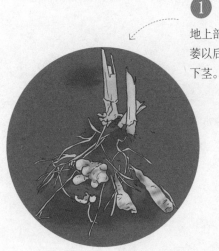

①

地上部分的植株枯萎以后即可采收地下茎。

②

菊芋的花十分漂亮，也可以作为开花植物观赏。

牛蒡

菊科牛蒡属

牛蒡又名恶实、大力子、东洋参、东洋牛鞭菜等。牛蒡根中含有过氧化物酶，它能增强细胞免疫机制的活力，清除体内氧自由基，阻止脂褐质色素在体内的生成和堆积，抗衰防老。

■主要营养成分：蛋白质、糖类、脂肪、膳食纤维、β-胡萝卜素、维生素C、钙、磷、铁

■功效：提高人体免疫力、抗衰老、清除自由基

■栽培要点

①喜温，既耐热又耐寒，栽培难度一般。

②喜湿，适宜种在土壤湿度较高、土层深厚的沙土或壤土中。

1 播种

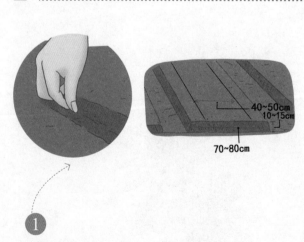

40~50cm
10~15cm
70~80cm

1 整地后开穴播种，株距50~60cm，每穴播种4~6粒。

2 播种后覆土2~3cm，稍压，使种子与土壤密切接触。

164

2 间苗·追肥

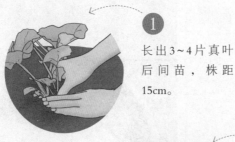

① 长出3~4片真叶后间苗，株距15cm。

② 4月下旬至6月上旬每两周追施农家肥或化肥，结合除草翻入土中。

3 采收

① 10月中旬开始可采收。

② 用镰刀割断叶子之后将地下茎整根挖出。

小妙招：牛蒡根系很深，为了避免播种和采收时挖很深的土，可以在播种时利用波浪形板子。将板子呈20度角斜插入土中，一端留出一小截在外面，在埋入土中的板子的5~6cm处播种。这样种子便会沿着板子生长，采收时就很方便。

番薯

旋花科番薯属

番薯又名甘薯、山芋、番芋、地瓜等。番薯质地细腻，不伤肠胃，能加快消化道蠕动，有助于排便，清理消化道，缩短食物中有毒物质在肠道内的滞留时间，减少因便秘而引起的人体自身中毒，预防痔疮和大肠癌。

■**主要营养成分**：膳食纤维、β-胡萝卜素、B族维生素、维生素C、维生素E、钾、铁、铜、硒、钙

■**功效**：通便减肥、提高免疫力、抗衰老

■**栽培要点**

① 适应性强，耐旱耐瘠，病虫害较少，栽培较易。

② 喜温、喜光、不耐寒，植株生长过程中要求较强的光照。

1 播种

① 整地作畦，每间隔20m挖沟。在沟中放入种薯，株距30cm。

② 在种薯上盖一层土，注意不要将种薯完全盖住。

2 育苗

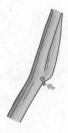

① 种薯上的幼苗长出6~7片真叶时将其剪下后放在阴凉处一周，每隔两天浇水一次。

② 当剪下的苗下部长出根时即可移栽到地里。

3 定植

① 整地作苗床，黄麻可应铺设薄膜或稻草保温保湿；将番薯苗平插或斜插入土中5~6cm深处，株距30cm。

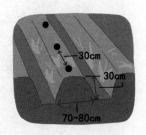

② 干旱时将两叶一心露出地面，移栽好后压紧。注意要适时早插苗，幼苗插植最适合在4月中旬进行。

4 追肥

① 进入块根膨大期、表土层出现裂缝时，早晨或傍晚沿裂缝灌施清水粪肥。

② 视生长情况也可追施适量番薯专用化肥，但要注意避免施肥过度。

5 采收

① 当叶子开始变黄时即可采收，采收之前先把苗藤割掉。

② 用铁锹离植株稍远的地方下锹将番薯挖出，注意不要伤到番薯。

芋头

天南星科芋属

芋头又称芋、芋艿，具有宽肠、解毒、补中益肝肾、散结、化痰、通便、益胃健脾等功效。

■主要营养成分：蛋白质、钙、磷、铁、钾、镁、钠、β-胡萝卜素、维生素C、B族维生素、皂角苷

■功效：消肿止痛、调节中气、填精益髓

■栽培要点

① 喜高温湿润，低温干旱环境下则生长不良。

② 不耐霜冻，注意在霜降之前采收。

1 播种

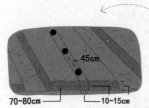

45cm
70~80cm　　10~15cm

① 整地，挖深度和宽度均为10~15cm的沟。

③ 覆土，注意要露出芽。

② 将种芋排放在沟中，芽朝上，株距45cm。

2 追肥·浇水

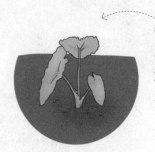

① 长出3~4片真叶时施肥一次，配合培土翻入土中。

② 之后视生长情况再追肥1~2次，并培土。雨水少的时候要及时浇水。

3 采收

① 当叶子开始变黄时即可采收，采收之前先把植株割掉。

② 用铁锹离植株稍远的地方下锹将芋头挖出，注意不要伤到芋头。

③ 种芋和子芋分开，种芋不推荐食用。

土豆

茄科茄属

土豆别称地蛋、洋芋。中医认为土豆性平、味
甘、无毒，能健脾和胃、益气调中、缓急止痛、
通利大便，对脾胃虚弱、消化不良、肠胃不和、
脘腹作痛、大便不畅的患者效果显著。

■主要营养成分：蛋白质、脂肪、维生素B_1、
维生素B_2、维生素C、钙、磷、铁

■功效：和胃调中、健脾益气、补血强肾

■栽培要点

①喜冷凉，但不耐霜冻，生长适温为15~25℃。

②适宜种在凉爽湿润、疏松透气的土壤中。

1 播种

①

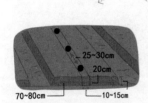

整地作畦，每间隔20m挖
深约5cm的沟。

③

在沟中放入已经发出嫩芽的
种薯块，株距30cm。若土
壤肥力不够，可以在种薯之
间撒一些鸡粪或堆肥，覆土
后压紧。

②

为了节约种薯，将种薯
按芽切成数块，晾干切
面的水分后播种。

2 间苗·追肥·培土

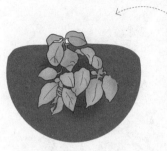

① 苗高10~15cm时拔除生长不良的苗，每穴留两根壮实的苗。

② 发芽后视生长情况追肥1~2次，追施应遵守"有机肥为主，化肥为辅"的原则。

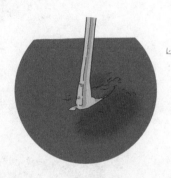

③ 施肥时配合进行中耕培土。

3 采收

① 当茎叶开始变黄时即可采收。

② 用铁锹或锄头离植株稍远的地方下锹将土豆挖出，注意不要伤到土豆。

③ 采收最好在晴天上午进行，以便及时晾干土豆表面的水分。

生姜

姜科姜属

姜具有解毒的功效，对外感风寒、胃寒呕吐、风寒咳嗽、腹痛腹泻、中鱼蟹毒等病症有食疗作用。

■**主要营养成分**：姜醇、姜油萜、姜烯、柠檬醛、水芹烯、芳香油

■**功效**：发汗解表、温中止呕、温肺止咳

■**栽培要点**

①喜温暖湿润气候，抗旱耐寒能力较弱，极度不耐霜冻。

②宜种植在稍阴的地块或坡地，避免强光直射。

③以土层深厚、排水良好的砂壤为宜。

1 播种

①选择饱满、已经发出嫩芽的作母姜。

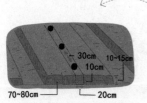

③覆土、压紧后浇足量的水。

②整地作畦，挖宽约20cm、深约5cm的沟。在沟中放入母姜，株距30cm。

2 追肥

① 苗高10~15cm时追施
适量鸡粪或化肥。

② 苗高30cm左右时
再追肥一次。

3 采收

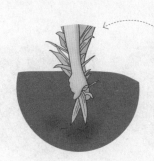

① 7月下旬至8月中旬之
间可陆续采收，采收
时整株拔出即可。

② 注意要在霜降之前
采收完毕。

萝卜

十字花科萝卜属

萝卜别名莱菔、罗菔。萝卜含芥子油、淀粉酶和粗纤维,具有促进消化、增强食欲、加快胃肠蠕动和止咳化痰的作用。

■主要营养成分:蛋白质、糖类、B族维生素、维生素C、铁、钙、磷、膳食纤维、芥子油、淀粉酶

■功效:增强食欲、清热化痰、帮助消化

■栽培要点

① 不挑土质,栽培难度低。

② 喜冷凉,耐寒不耐热。

③ 不适合用育苗盆育苗。

1 播种

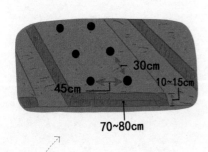

45cm ← 30cm → 10~15cm
70~80cm

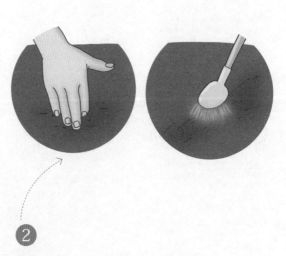

①

整地作畦后挖小穴,播种行距30cm×45cm,每穴4~5颗种子。

②

在种子上盖2~3cm厚的土,压紧后浇足量的水。

2 间苗·追肥

① 长出6~7片真叶后间苗，每穴选留一株苗。

② 间苗之后追施化肥或鸡粪，结合除草翻入土中。

3 采收

① 当最下面的叶子开始下垂、变黄时即可采收。

② 双手握紧萝卜露出地面的部分用力拔出整株即可，注意不要拔断。老化的萝卜会出现空心，口感变差，注意及时采收。

胡萝卜

伞形科胡萝卜属

胡萝卜又称红萝卜或甘荀。由于胡萝卜中的维生素B$_2$和叶酸有抗癌作用，经常食用可以增强人体的抗癌能力，所以被称为"预防癌症的蔬菜"。

■主要营养成分：蛋白质、脂肪、糖类、β-胡萝卜素、B族维生素、维生素C

■功效：健脾和胃、补肝明目、清热解毒

■栽培要点

①喜冷凉，生长适温为15~25℃。

②喜光，是长日照植物，营养生长期需要保持中等强度以上的光照。

③适宜种在土层深厚、孔隙度高、排水良好的砂壤土中。

1 播种

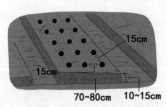

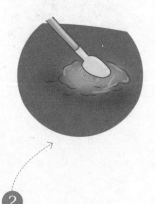

1 整地作畦后挖小穴，播种行距15cm×15cm，每穴3~4颗种子。

2 在种子上盖一层薄薄的土，轻轻压实后浇足量的水。

176

2 间苗·追肥

① 长出6~7片真叶后间苗，每穴选留一株苗。

② 间苗两周之后追施化肥或鸡粪，结合除草翻入土中。

3 采收

① 当最下面的叶子开始下垂、变黄时即可采收。

② 双手握紧叶子根部用力拔出整株即可，注意不要拔断。老化的胡萝卜会自动开裂，注意及时采收。

樱桃萝卜

十字花科萝卜属

樱桃萝卜是一种小型萝卜，为中国的四季萝卜中的一种，因其外貌与樱桃相似，故取名为樱桃萝卜。樱桃萝卜具有品质细嫩，生长迅速，外形、色泽美观等特点，适于生吃。

■主要营养成分：糖类、蛋白质、膳食纤维、B族维生素、维生素C、钙、磷

■功效：祛痰、消积、定喘、利尿、止泻

■栽培要点

①栽培期很短，栽培难度低。

②由于生长期很短，需注意及时间苗。

1 播种

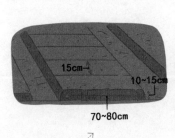

15cm→
10~15cm
70~80cm

① 整地作畦后每隔15cm挖深约1cm的浅沟，在浅沟中每隔5~6cm挖小穴，每穴播种2~3颗。

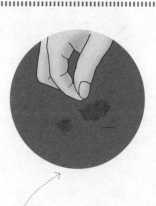

② 在种子上盖一层薄薄的土，轻轻压实后浇足量的水。

2 间苗

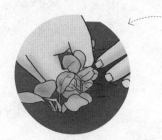

① 长出1~2片真叶后间苗，每穴选留一株苗。

② 苗高15cm左右时再间苗一次，株距10cm左右。

3 采收

① 樱桃萝卜长到直径2~3cm时即可采收。

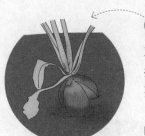

② 双手握紧叶子根部用力拔出整株即可，注意不要拔断。老化的樱桃萝卜会自动开裂，注意及时采收。

大蒜

百合科葱属

大蒜又称胡蒜，以其鳞茎、蒜薹、幼株供食用。大蒜中含硫化合物，具有奇强的抗菌消炎作用，对多种球菌、杆菌、真菌和病毒等均有抑制和杀灭作用，是目前发现的天然植物中抗菌作用最强的一种。

■主要营养成分：蛋白质、脂肪、糖类、B族维生素、维生素C、硫化合物

■功效：保护胃黏膜、抗衰老、促进食欲、抗菌消炎

■栽培要点

①栽培期较长，栽培难度一般。

②喜冷凉，耐寒能力强。

③喜湿怕旱，适宜种在疏松透气的肥沃壤土中。

1 播种

①

剥去大蒜的外皮并去掉托盘和茎盘，掰成瓣。

②
整地作畦后挖小穴，播种行距15cm×15cm，每穴1瓣。
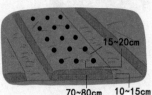
15~20cm
70~80cm 10~15cm

③
将蒜瓣插入土中约5cm深处，蒜尖向上。盖一层土，轻轻压实后浇足量的水。

2 追肥·拔蒜薹

1 播种当年秋季，以及来年春季各追施化肥或鸡粪一次，结合除草翻入土中。

2 当蒜薹上部的弯开始由下向上卷曲时最适合拔蒜薹。

3 采收

1 蒜叶长出来之后即可采食叶子。当叶和茎枯萎大约三分之二时即可采收大蒜头。

2 采收应在晴天进行，握住茎秆整株拔出，放在田里晾2~3天之后扎成束挂在通风处保存。

山药

薯蓣科薯蓣属

山药即薯蓣，别名怀山药、淮山药、土薯、山薯、山芋、玉延。山药富含多种维生素、氨基酸和矿物质，可以防治人体脂质代谢异常，以及动脉硬化。

■主要营养成分：糖蛋白、黏液质、β-胡萝卜素、维生素B_1、维生素B_2、烟酸、胆碱、淀粉酶、多酚氧化酶、维生素C

■功效：健脾补肺、益胃补肾、固精

■栽培要点

①喜光、不耐寒、怕霜冻，适宜种在温暖向阳的地块。

②忌水涝，宜种在疏松肥沃、排水良好的壤土中。

1 播种

① 将种芋切成50~70g的小段，也可用芦头或珠芽（山药豆）播种。

② 整地作畦后挖约深10cm的沟，将种芋放入沟中，播种行距60cm×60cm。

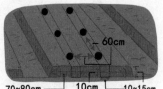

70~80cm　10cm　10~15cm
60cm

③ 在种芋上覆土，轻轻压实。

2 搭架·追肥

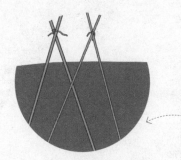

视生长情况施肥,生长正常的情况下不需要追肥。

① 长出藤蔓后在每株植株旁边10cm左右出斜立支柱,两两交叉,交叉处用绳子扎紧;后将藤蔓缠在支柱上。

3 采收

① 茎叶变黄并开始枯萎时即可采收,采收前拔掉支柱并剪断植株。用铁锹离植株稍远的地方下锹将山药挖出,注意不要伤到山药。

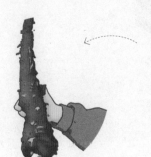

② 采收最好在晴天上午进行,以便及时晾干山药表面的水分。

雪莲果

菊科菊薯属

雪莲果即"神果"之意，果肉中的糖类却并不为人体吸收，因此，很适合糖尿病病人及减肥者食用。雪莲果的果寡糖含量是所有植物中最高的。

■主要营养成分：糖类、脂肪、蛋白质、膳食纤维、果寡糖、维生素C、维生素E、胡萝卜素。

■功效：降火清毒、调理胃肠道、调理血液、清除血脂

■栽培要点

①不挑土质，但喜有机质，栽培难度低。

②喜光、喜湿，不耐寒，遇霜冻茎枯死。

1 定植

① 雪莲果一般采用块种育苗，长出3~4片真叶后即可定植。

② 去掉育苗盆，连土带苗移栽到地里后压紧，浇足量的水。

2 中耕·追肥

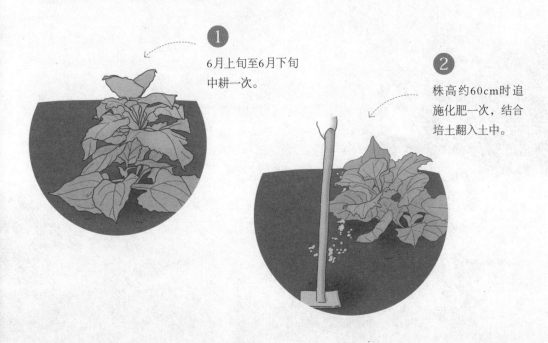

①
6月上旬至6月下旬
中耕一次。

②
株高约60cm时追
施化肥一次，结合
培土翻入土中。

3 采收

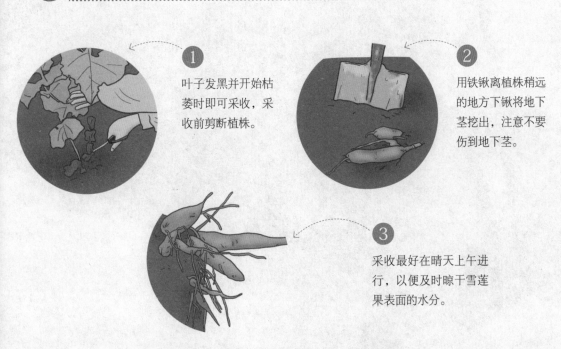

①
叶子发黑并开始枯
萎时即可采收，采
收前剪断植株。

②
用铁锹离植株稍远
的地方下锹将地下
茎挖出，注意不要
伤到地下茎。

③
采收最好在晴天上午进
行，以便及时晾干雪莲
果表面的水分。